人工智能导论实践教程

徐礼金 主 编

清华大学出版社
北京

内容简介

本书是人工智能基础与实践领域的入门教材，以人工智能理论与实践的紧密结合为基础，以培养读者的创新能力和实践能力为目标，从多学科交叉的视角组织教学内容，突出理论讲解与实训指导的统一。本书共8章，内容涵盖人工智能概述、大数据与人工智能、机器学习、神经网络、自然语言处理、计算机视觉、人工智能导论实践与应用以及人工智能与社会学等方面。

本书内容全面、结构合理、语言简练、注重理论与实践结合，具有很强的实用性和可操作性。本书可作为高等院校计算机及相关专业本科生的教材，也可供大中专院校及人工智能技术培训课程使用。同时，对于希望系统学习人工智能基础知识的从业人员和自学者而言，本书也是一本非常有价值的参考书。

本书封面贴有清华大学出版社防伪标签，无标签者不得销售。
版权所有，侵权必究。举报: 010-62782989, beiqinquan@tup.tsinghua.edu.cn。

图书在版编目(CIP)数据

人工智能导论实践教程 / 徐礼金主编. -- 北京：清华大学出版社, 2025.6. -- ISBN 978-7-302-69172-3

Ⅰ.TP18

中国国家版本馆 CIP 数据核字第 2025SX2082 号

责任编辑：王　定
封面设计：周晓亮
版式设计：思创景点
责任校对：成凤进
责任印制：宋　林

出版发行：清华大学出版社
网　　址：https://www.tup.com.cn, https://www.wqxuetang.com
地　　址：北京清华大学学研大厦 A 座　　邮　编：100084
社 总 机：010-83470000　　邮　购：010-62786544
投稿与读者服务：010-62776969, c-service@tup.tsinghua.edu.cn
质 量 反 馈：010-62772015, zhiliang@tup.tsinghua.edu.cn
印 装 者：大厂回族自治县彩虹印刷有限公司
经　　销：全国新华书店
开　　本：185mm×260mm　　印　张：12.5　　字　数：297千字
版　　次：2025 年 6 月第 1 版　　印　次：2025 年 6 月第 1 次印刷
定　　价：59.80 元

产品编号：110900-01

PREFACE

党的二十大报告强调,科技自立自强是高质量发展的关键,人工智能作为核心领域,为科技创新和产业升级提供了动力。本书通过将理论与实践紧密结合,培养创新型人才,助力国家科技发展。

人工智能在绿色发展中发挥着重要作用,通过智慧城市、智能交通等应用优化资源利用,践行生态文明理念。本书引导读者探索技术如何推动可持续发展,助力"双碳"目标实现。在民生领域,人工智能改善了医疗、教育等公共服务。本书结合实践案例,展示人工智能如何提升生活质量,助力增进民生福祉目标的实现。

当今社会是信息化社会,计算机与人工智能技术的快速发展深刻影响了各行各业的变革。为了为更多的学生和更多想要学习人工智能知识的群体提供人工智能的基础知识,广东理工学院与广东泰迪智能科技股份有限公司合作,结合高校的理论基础与企业的实际应用,共同编著了这本书。本书将理论与实践紧密结合,力求为读者提供一个全面、深入且实用的学习指南。

本书主要为学生和从业者提供计算机视觉、人工智能等领域的基础导论,帮助读者理解并掌握这些学科的基础概念和技术,并且通过详细的实验和实训内容,使读者不仅能够理解理论,还能够动手实践,强化其实际操作能力;推动产学合作,促进高校知识和企业实践的有机结合,培养更加符合时代需求的技术人才。

本书的特色与优势在于其校企合作的背景:理论部分由广东理工学院的资深教师编写,确保了内容的科学性与权威性;部分实验与实训内容则由广东泰迪智能科技股份有限公司提供,基于实际工程中的经验,使得实验更加贴近实际应用。这样的合作模式使本书更具实用性,同时让读者能够从理论到实践全面提升自己的能力。

本书共分 8 章,涵盖了从操作系统基础知识、文件管理,到人工智能、大数据的相关技术应用。每一章节不仅包含了理论知识,还配有丰富的案例分析和实验指导,力图将复杂的技术问题化繁为简,帮助读者更好地消化吸收。本书编写分工如下:第 1 章、第 7 章、第 8 章由杨建军编写,第 2 章由蔡深帆编写,第 3 章由徐礼金编写,第 4 章由吕嘉琪编写,第 5 章由徐圣炜编写,第 6 章由黎江枫编写,第 3 章、第 4 章、第 6 章实训由广东泰迪智能股份科技有限公司提供,本书由徐礼金担任主编并负责统稿及整理。实训是以双方建设的人工智能实训平台为基础而进行的,读者也可自行搭建环境进行操作。

通过本书的学习，读者将系统地掌握人工智能基础的相关理论知识及其简单应用，了解人工智能与大数据技术的发展趋势，并通过实践积累宝贵的经验。我们希望，本书能为每一位读者的学术和职业生涯提供有力的支持和帮助。

本书提供教学大纲、教学课件、电子教案、习题参考答案和模拟试卷，读者可扫下列二维码进行下载。

教学大纲　　　　教学课件　　　　电子教案　　　　习题参考答案　　　　模拟试卷

徐礼金

2025 年 1 月

CONTENTS

第1章 人工智能概述 ……………………… 1
- 1.1 人工智能的起源 ……………………… 2
  - 1.1.1 人工智能的科学基础与技术发展 ……………………… 2
  - 1.1.2 人工智能的实践应用与研究方向 ……………………… 3
  - 1.1.3 机器学习与人工智能对话系统的诞生 ……………………… 4
  - 1.1.4 人工智能的早期投资与期望 …… 5
  - 1.1.5 人工智能的预言与现实的碰撞 ……………………… 5
  - 1.1.6 人工智能的寒冬与专家系统的兴起 ……………………… 5
  - 1.1.7 日本的第五代计算机项目与全球投资动向 ……………………… 5
  - 1.1.8 人工智能的学术进展与文化影响 ……………………… 6
  - 1.1.9 人工智能的商业挑战与研究的再次受阻 ……………………… 6
  - 1.1.10 人工智能的历史转折点与深蓝的胜利 ……………………… 7
- 1.2 近现代人工智能的发展 …………… 7
  - 1.2.1 深蓝的胜利与人工智能的局限性 ……………………… 8
  - 1.2.2 人工智能的理解与处理复杂性 ……………………… 8
  - 1.2.3 人工智能的数学基础与神经网络发展 ……………………… 8
  - 1.2.4 人工智能在视觉识别领域的进步 ……………………… 9
  - 1.2.5 OpenAI 的发展与人工智能的风险管理 ……………………… 9
- 1.3 人工智能的基本概念 ……………… 10
  - 1.3.1 人工智能的定义与范畴 ……… 10
  - 1.3.2 人工智能的目标与应用 ……… 11
- 1.4 本章小结 ……………………… 11
- 1.5 本章习题 ……………………… 12

第2章 大数据与人工智能 ……………… 14
- 2.1 大数据 ……………………… 14
  - 2.1.1 什么是大数据 ……………………… 14
  - 2.1.2 大数据相关技术 ……………………… 15
  - 2.1.3 大数据与人工智能的关系及其在实践中的应用 ……… 18
- 2.2 大数据基础 ……………………… 19
  - 2.2.1 数据类型与来源 ……………… 19
  - 2.2.2 数据存储与管理 ……………… 20
  - 2.2.3 数据预处理与清洗 …………… 22
- 2.3 本章小结 ……………………… 23
- 2.4 本章习题 ……………………… 24

第3章 机器学习 ……………………… 25
- 3.1 机器学习基础 ……………………… 25
  - 3.1.1 机器学习概述 ……………… 25
  - 3.1.2 机器学习的分类 ……………… 26
  - 3.1.3 机器学习的原理 ……………… 27
- 3.2 数据预处理 ……………………… 29
  - 3.2.1 机器学习中的数据清洗 …… 30
  - 3.2.2 特征选择与特征工程 ……… 31
  - 3.2.3 数归一体化与标准化 ……… 31
  - 3.2.4 数据集处理 ……………… 32
- 3.3 监督学习算法 ……………………… 33

3.3.1　回归算法……………………34
　　　3.3.2　分类算法……………………36
　3.4　非监督学习算法……………………37
　　　3.4.1　聚类算法……………………38
　　　3.4.2　降维算法……………………38
　　　3.4.3　基于神经网络的非监督学习…39
　　　3.4.4　关联规则学习………………40
　3.5　本章小结……………………………46
　3.6　本章习题……………………………47

第4章　神经网络……………………………49
　4.1　神经网络简介………………………50
　4.2　深度学习……………………………51
　　　4.2.1　深度学习的发展………………51
　　　4.2.2　深度学习的基础………………53
　　　4.2.3　深度学习的相关算法…………60
　　　4.2.4　深度学习的主流框架及
　　　　　　应用……………………………62
　4.3　深度神经网络的实际应用…………63
　　　4.3.1　神经网络与深度学习…………63
　　　4.3.2　计算机视觉……………………64
　　　4.3.3　自然语言处理…………………64
　　　4.3.4　语音处理………………………65
　　　4.3.5　推荐系统………………………65
　　　4.3.6　医疗健康………………………65
　　　4.3.7　金融科技………………………66
　　　4.3.8　自动驾驶………………………66
　　　4.3.9　游戏与娱乐……………………66
　　　4.3.10　工业自动化……………………67
　　　4.3.11　智能家居………………………67
　4.4　本章小结……………………………69
　4.5　本章习题……………………………70

第5章　自然语言处理………………………71
　5.1　自然语言处理基础…………………72
　　　5.1.1　自然语言处理概述……………72
　　　5.1.2　自然语言处理的应用领域……74
　5.2　自然语言处理与相关技术…………76
　　　5.2.1　自然语言学基础………………76
　　　5.2.2　文本预处理……………………77
　　　5.2.3　语言模型………………………78
　　　5.2.4　文本分类………………………79
　　　5.2.5　语义分析与情感分析…………80
　　　5.2.6　文本生成和对话系统…………81
　5.3　自然语言处理实训练习……………82
　　　5.3.1　语料预处理……………………83
　　　5.3.2　正向最大匹配法和逆向最
　　　　　　大匹配法………………………86
　　　5.3.3　隐马尔可夫模型和Viterbi
　　　　　　算法……………………………88
　　　5.3.4　jieba分词………………………90
　5.4　本章小结……………………………92
　5.5　本章习题……………………………92

第6章　计算机视觉…………………………94
　6.1　计算机视觉基础……………………94
　　　6.1.1　计算机视觉的概念……………94
　　　6.1.2　早期计算机视觉的发展与
　　　　　　研究……………………………95
　　　6.1.3　计算机视觉的多学科融合……95
　6.2　计算机视觉原理……………………96
　　　6.2.1　OpenCV与机器学习之间
　　　　　　的关系…………………………96
　　　6.2.2　计算机视觉处理流程…………99
　6.3　深度学习在计算机视觉中的
　　　应用…………………………………108
　　　6.3.1　深度学习的基本原理…………108
　　　6.3.2　深度学习在图像分类中的
　　　　　　应用……………………………108
　　　6.3.3　深度学习在物体检测中的
　　　　　　应用……………………………109
　　　6.3.4　深度学习在图像分割中的
　　　　　　应用……………………………109
　　　6.3.5　深度学习在其他视觉任务中的
　　　　　　应用……………………………110
　　　6.3.6　深度学习在计算机视觉
　　　　　　中的挑战和未来发展方向……110
　6.4　本章小结……………………………122

6.5 本章习题 ……………………… 122

第7章 人工智能导论实践与应用 …… 124
7.1 人工智能与 Python …………… 124
  7.1.1 人工智能的发展 …………… 125
  7.1.2 Python 的起源与发展 ……… 125
7.2 如何搭建 Python 环境 ………… 126
  7.2.1 Python 3.8.5 简介 ………… 126
  7.2.2 Python 3.8.5 安装准备 …… 126
  7.2.3 安装工具 …………………… 127
  7.2.4 环境配置 …………………… 127
7.3 Python 3.8.5 安装实践 ………… 135
  7.3.1 Windows 系统安装 ……… 135
  7.3.2 Linux 系统安装 …………… 138
  7.3.3 macOS 系统安装 ………… 140
7.4 Python 3.8.5 安装相关疑难解答 ………………………… 141
  7.4.1 常见安装问题 ……………… 141
  7.4.2 高级安装问题 ……………… 142
7.5 Python 3.8.5 环境配置和使用 … 142
  7.5.1 环境变量配置 ……………… 143
  7.5.2 Python 命令行使用 ……… 143
7.6 虚拟环境管理 ………………… 144
  7.6.1 使用 virtualenv 创建虚拟环境 …………………… 145
  7.6.2 管理和激活虚拟环境 …… 145
7.7 Python 开发工具 ……………… 146
  7.7.1 TensorFlow ……………… 146
  7.7.2 PyTorch …………………… 147
  7.7.3 Keras ……………………… 149
  7.7.4 Scikit-learn ……………… 151
  7.7.5 Pandas …………………… 153

7.7.6 NumPy …………………… 156
7.7.7 Scipy ……………………… 158
7.7.8 NLTK ……………………… 161
7.7.9 Gensim …………………… 163
7.7.10 Scikit-image …………… 165
7.7.11 H2O ……………………… 167
7.8 人工智能在实际领域的应用 …… 169
  7.8.1 医疗领域 …………………… 169
  7.8.2 金融领域 …………………… 171
  7.8.3 自动驾驶与辅助驾驶 …… 173
  7.8.4 智慧交通 …………………… 175
  7.8.5 智能制造与工业 4.0 ……… 177
7.9 本章小结 ……………………… 179
7.10 本章习题 ……………………… 179

第8章 人工智能与社会学 …………… 181
8.1 人工智能与大模型的关系 …… 182
  8.1.1 人工智能与大模型的定义与基础 ………………… 182
  8.1.2 大模型在人工智能中的角色 ………………………… 182
  8.1.3 大模型的特点 ……………… 183
  8.1.4 大模型在人工智能中的挑战 ………………………… 183
8.2 人工智能与人的区别 ………… 184
8.3 人工智能的道德伦理 ………… 185
8.4 人工智能与法律 ……………… 187
8.5 本章小结 ……………………… 190
8.6 本章习题 ……………………… 190

参考文献 ………………………………… 191

第 1 章

人工智能概述

人工智能(artificial intelligence，AI)这门在计算机科学、控制论、信息论、神经心理学、哲学、语言学等多个学科交会处蓬勃发展的综合性交叉学科，正以其独特的方式，响应着党的二十大报告提出的创新驱动发展战略。"人工智能"这一术语自1956年被正式提出以来，不仅迅速成长为一门新兴学科，更在推动科技创新和产业变革中扮演着重要角色。

党的二十大报告强调了加快实现高水平科技自立自强的重要性，而人工智能正是这一战略的核心领域之一。人工智能的发展不仅代表了新思想、新观念、新理论和新技术的不断涌现，更是当前迅速发展的前沿领域。人工智能与空间技术和原子能技术并列，被誉为20世纪三大科学技术成就之一，其在推动社会进步和经济发展中的作用不言而喻。

我们正处在一个由人工智能引领的新时代，它被视为继三次工业革命之后的第四次工业革命。前三次工业革命主要扩展了人类的体力功能，而人工智能则扩展了人类的脑力功能，推动了脑力劳动的自动化。这与党的二十大报告提出的高质量发展理念不谋而合。人工智能技术的应用正成为推动产业升级、提高生产效率、优化资源配置的重要力量。

在人才培养方面，党的二十大报告提出深入实施人才强国战略，人工智能领域的教育和人才培养显得尤为重要。我们需要培养更多具有创新精神和实践能力的人才，以满足人工智能时代的需求，这也是实现科技自立自强的关键。

此外，人工智能技术在改善民生、推动绿色发展等方面也发挥着重要作用。党的二十大报告提到的增进民生福祉、推动绿色发展等目标，都可以通过人工智能技术的应用得到有效实现。

本章旨在介绍人工智能的起源、发展历程以及基本概念，帮助读者拓宽视野，全面认识人工智能及其广泛的研究和应用领域。同时，我们希望读者能够理解，在党的二十大精神的指引下，人工智能如何成为推动国家发展和社会进步的重要力量。

1.1 人工智能的起源

一切始于一个简单的问题：人类的思维能否被复制？这个问题引发了人们无数的思考和探索。在古代的石碑上，人们用文字记录和定义了思考的过程，试图通过符号和语言来捕捉思维的奥秘。在教堂的望远镜中，人们窥见了更遥远的世界，试图通过观察和探索来理解宇宙的奥秘。而数学，是人类共通的语言。在第二次世界大战的硝烟中，艾伦·图灵创造了一台巨大的机器，凭借其强大的计算能力，为战争的胜利作出了巨大的贡献。这台机器的诞生，也证明了数学——人类共通的语言，同样可以被机器所掌握和运用。

电信号构成了我们所有思考活动的基础。梦境是大脑中 860 亿个神经元以每秒 120 米的速度传递电信号的产物。这些电信号在大脑中交织成复杂的网络，形成了我们的思想和意识。如果我们能够将这些电信号转换为数字信号，并将其导入机器，是否可以利用这些信息的交流和组合，创造出一台能够思考的机器呢？这是一个令人着迷的问题，也是一个充满挑战的问题。

现在，你有了一个想法、一个创意，如何将其转化为现实？正如人类制造所有事物的起点，第一步总是提出问题。想象你身处一个小房间，向隔壁的两个房间提出了一个问题："3 万加 7 万等于多少？"不久后，你收到了两个回答："我算出来是 10 万"和"我现在不想算"。那么，哪个房间中是人？哪个房间中是机器？通过多轮这样的测试，如果在超过 30%的回答中，人工智能的答案被误认为是人类的答案，那么该人工智能就通过了测试，这便是著名的图灵测试。

图灵测试是一种衡量机器智能的方法，通过判断机器的回答是否能够与人类的回答相混淆来评估其智能水平。这个测试引发了广泛的讨论和争议，因为它触及了人类对智能和意识的理解。如果一台机器能够通过图灵测试，那么我们是否可以说它具有了某种形式的思维能力？这是一个哲学和科学上都尚未解决的问题，但正是这样的问题激发了人类对未知世界的探索和对自身认知的反思。

1.1.1 人工智能的科学基础与技术发展

1950 年，图灵在其具有里程碑意义的著作《计算机器与智能》中提出了一个具有划时代意义的问题：机器是否能够思考？这个问题的提出，引发了人们对于机器智能的深入思考。下一步是推论。当我们试图回答"机器是否能够思考？"这个问题时，实际上我们是在回答两个问题：人脑思考的过程是怎样的？这一过程能否在机器上实现？

1875—1879 年，经过多位科学家的观察和研究，我们逐渐了解到大脑中的神经元负责传递电信号。巴甫洛夫的条件反射理论揭示了生命体中信息输出和反馈的存在。诺伯特·维纳发现，无论是火炮的发射还是青蛙的跳跃，本质上都是不同系统之间信息传递和决策的过程，这催生了控制论的诞生。克劳德·香农进行了深入研究，他想要了解信息是如何传播、运输和存储的，以及这一切是否可以用数学语言来表达。他的研究发展出了信息论。这些学科理论的发展，为我们解答了思维智慧与不同系统之间信息传递的关系。

第二个问题：思考这一过程是否能在机器上实现。如果思维活动的过程可以用数字来计算，那么就需要一台能够完成如此庞大计算工作的机器。1936年，图灵在其论文中提出了图灵机的概念，奠定了计算机理论的基础。1941年，阿塔纳索夫和贝瑞制造了第一台电子计算机，从硬件上实现了制造一台会思考的机器的可能性。这台电子计算机的出现，标志着人类在制造智能机器的道路上迈出了重要的一步。然而，尽管我们已经取得了一些进展，但要真正实现机器思考，还需要解决许多技术难题。例如，我们需要更深入地理解人脑的工作原理，以及如何在机器上模拟这些过程。此外，我们还需要开发更强大的计算硬件和更高效的算法，以支持复杂的思维活动。尽管如此，随着科技的不断进步，我们有理由相信，在未来，机器思考终将成为现实。

1.1.2 人工智能的实践应用与研究方向

科学家开始努力让计算机执行一些人类能够完成的任务。例如，约翰·麦卡锡长期致力于计算机下棋的研究，他渴望获得灵感，并希望有更多研究者加入，共同探讨机器模拟智能的可能性。因此，他在1956年于达特茅斯组织了一场会议，吸引了数十位在相关领域取得显著成就的科学家。他们分享了各自的研究成果，并将分散在各地的关于机器思考能力的研究汇聚一堂。科学家们为这一领域赋予了一个名字——人工智能。当来自不同领域的专家聚集一堂，分享了他们的研究成果后，人工智能的研究被划分为几个主要方向：符号主义、连接主义和行为主义。

1. 符号主义

符号主义(symbolism)，也称经典人工智能、逻辑主义(logicism)、心理学派(psychologism)或计算机学派(computerism)，是一种基于符号和规则的人工智能研究方法，也是一种基于逻辑推理的智能模拟方法。其核心理念是智能行为可以通过符号的操作和处理来实现。其原理主要基于物理符号系统假设和有限合理性原理，长期以来，在人工智能研究中占据主导地位。符号主义认为，知识可以被编码为符号，智能行为可以通过对这些符号的逻辑推理和操作来实现。这种方法强调使用明确的、形式化的规则(如专家系统和逻辑推理程序)来处理知识。例如，我们告诉计算机：金属可以导电，铜是金属，那么铜也可以导电。将这种三段论推理方法编写进程序，让计算机也能进行类似的推理，这就是符号主义的体现。1956年，赫伯特·西蒙与艾伦·纽厄尔开发的逻辑理论家成为首个符号主义人工智能程序。该系统通过自动推理机制，成功改写了罗素与怀特海合著的《数学原理》中52条定理的证明，甚至为其中38条提供了更简洁的新证法。

2. 连接主义

连接主义(connectionism)，又称仿生学派(bionicsism)或生理学派(physiologism)，也被称为人工神经网络或并行分布式处理(PDP)，是一种基于神经网络及其连接机制和学习算法的智能模拟方法。连接主义认为，人工智能源于仿生学，特别是对人脑模型的研究。连接主义的核心理念是构建由大量简单处理单元(神经元)组成的网络,这些神经元通过加权连接相互影响,并通过学习调整这些连接的权重来处理信息。这种方法强调通过训练数据来学习模式和特征,而不是依赖预先定义的规则。正如我们在模拟大脑的工作原理时,从最小的单元——单个神经元开始,研究其工作方式,并将其连接成网络。当我们用机器复制这一过程时,称为连接主义。1957年,美国心理学家弗兰克·罗森布拉特提出了一个名为感知机的理论模型,用算法来模拟单一神经元,解决一些简单的判断问题,而感知机也是现代神经网络的基础。

3. 行为主义

行为主义(actionism),又称进化主义(evolutionism)或控制论学派(cyberneticsism),是一种基于"感知-行动"模型的行为智能模拟方法。行为主义强调操作性条件反射理论,提出及时强化概念,并应用于研究。行为主义认为,人工智能应该像人类一样,在复杂的环境中与周围环境互动,模仿和解构人类的行为。行为主义最早源自20世纪初的一个心理学流派,该流派认为行为是有机体适应环境变化的各种身体反应的组合,其理论目标在于预见和控制行为。行为主义认为,通过模拟人类在特定环境中的感知和反应,可以实现智能行为。这种方法强调通过与环境的互动来学习和适应,而不是仅仅依赖于内部的逻辑推理或神经网络的训练。例如,通过模拟生物体在环境中寻找食物或避开危险的行为,可以构建能够自主学习和适应环境的智能系统。

1.1.3 机器学习与人工智能对话系统的诞生

1959年,亚瑟·萨缪尔不仅定义了机器学习的概念,还利用决策树原理开发了一个早期的跳棋程序。这个程序的水平足以挑战业余选手,令人印象深刻。同一时期,世界上第一个聊天机器人——伊丽莎(ELIZA)诞生了。伊丽莎的工作原理基于模式匹配,当用户表达出"我觉得很孤独"时,它能够识别出"孤独"这一关键词,并以提问的方式回应:"你为什么觉得孤独?"通过这种方式,伊丽莎模拟了心理咨询的过程,尽管伊丽莎并不理解自己所言,许多病人却对它产生了依赖。以下是伊丽莎与玛丽(人类)之间的一段简短对话。

玛丽:男人都是一样的。
伊丽莎:此话怎讲?
玛丽:他们总是用一些事情来打扰我们。
伊丽莎:能否提供一个具体的例子?
玛丽:嗯,是我男朋友让我来这里的。
伊丽莎:是这样吗?你男朋友让你来这里?
玛丽:他说我经常很沮丧和郁闷。
伊丽莎:听说你感到沮丧和郁闷,我感到很遗憾。
玛丽:确实如此。我不开心。
伊丽莎:你经常感到不开心,不快乐吗?
玛丽:以前不是,但近几个月来……
伊丽莎:近几个月来发生了什么?
玛丽:……(玛丽继续倾诉)

1.1.4 人工智能的早期投资与期望

1963年，美国国防部决定向麻省理工学院提供一笔巨额资金，总额高达200万美元，目的是启动一项具有重大意义的研发项目。这一项目旨在推动科学技术的进步，特别是人工智能技术。在随后的几年里，美国国防部每年向该项目提供300万美元的资助。值得一提的是，在整个资助过程中，美国国防部对研究方向并未施加任何干预，充分体现了对科研人员的信任和尊重。

1.1.5 人工智能的预言与现实的碰撞

在充满乐观和期待的背景下，许多科学家对未来的人工智能技术充满了信心。其中，一位在人工智能领域享有盛誉的科学家——马文·明斯基曾经预言，在未来的3~8年，我们将能够制造出一台具备人类平均智能水平的机器。与此同时，另一位杰出的科学家——赫伯特·西蒙也大胆预言，在10年内，计算机将能够赢得国际象棋的世界冠军。然而，这些美好的预言最终并未成为现实。

1.1.6 人工智能的寒冬与专家系统的兴起

1973年，英国著名科学家兼数学教授莱特希尔发布了一份具有深远影响的报告。在这份报告中，莱特希尔宣称："人工智能将无法应用于实际，仅限于解决一些简单问题。"这份报告后来被称为"莱特希尔报告"，对整个学术界和政府机构产生了巨大的冲击。受此报告影响，英国政府决定彻底停止对人工智能研究的资金支持，这对当时正处于发展初期的人工智能研究无疑是一个沉重的打击。

当时的计算机技术还处于非常初级的阶段。计算机的运算速度缓慢，最大内存仅为256KB，机器语言识别的错误率极高。尽管投入了巨额资金，但结果表明，机器在下棋等任务上表现拙劣，这导致政府机构撤回了资助，人工智能研究因此进入了长达数年的寒冬期，自由探索的时代宣告结束。

尽管当时的技术和理论尚未成熟到能够直接创造出通用型人工智能，科学家们还是开始逐步尝试解决特定领域的专业问题。1968年，爱德华·费根鲍姆提出了专家系统的概念，这一系统通过在特定专业领域将知识整合成数据库，并结合逻辑推理，使得程序能够成为该领域的专家，解决相关问题。1976年，斯坦福大学的肖特利夫团队开发了首个医疗专家系统，用于诊断血液感染，协助医生识别致病细菌。卡耐基梅隆大学的团队在1978年编写了程序Xcom，该程序帮助计算机公司优化硬件采购和配置流程，据估计每年节省约4000万美元。这些成功的应用案例证明了人工智能在特定领域的巨大潜力和适用性。

1.1.7 日本的第五代计算机项目与全球投资动向

1981年，日本经济产业省投入高达8.5亿美元的资金启动备受瞩目的第五代计算机项目。该项目的主要目标是开发出能够进行自然语言对话、翻译不同语言以及解释和理解图像的人工智能系统。这一宏伟计划不仅在日本国内引起了广泛关注，而且对全球范围内的科技发展产生了深远影响。受日本的启发，英国和美国政府也开始加大对人工智能领域的投资力度，希望通过资金支持推动这一前沿科技的快速发展。

1.1.8 人工智能的学术进展与文化影响

这些巨额投资在20世纪80年代为人工智能学科的进一步细分和深化研究提供了强有力的支持。1982年，著名科学家大卫·马尔提出了计算机视觉的概念，并在此基础上构建了一套系统的视觉理论。这一理论为计算机视觉领域的发展奠定了坚实的基础。同样，神经网络研究领域也取得了新的突破。约翰·霍普菲尔德提出了著名的霍普菲尔德网络模型，并在1984年成功构建了这一模型。霍普菲尔德网络模型具有根据图片的部分信息补全整个图像的能力，前提是数据库中存在相应的数据支持。

20世纪80年代的研究成果不仅在学术界引起了广泛关注，而且对流行文化产生了深远的影响。1981年，美国哲学家希拉里·普特南提出了一个引人深思的思想实验——"缸中之脑"，探讨了人类意识是否能够意识到自己生活在虚拟世界中的问题。这一概念后来成为多部经典科幻电影(如《黑客帝国》和《盗梦空间》等)的灵感来源。1984年，《终结者》这部电影的上映再次引发了公众对机器人和人工智能的热烈讨论，进一步增强了人们对这一科技领域的兴趣和关注。

1.1.9 人工智能的商业挑战与研究的再次受阻

正当人工智能研究如火如荼地进行之际，一个意想不到的因素——家用计算机的普及，却对整个研究领域产生了巨大的冲击。越来越多的家庭开始购买和使用个人计算机，对大型人工智能研究设备的需求急剧下降。一夜之间，大型人工智能研究设备的销量大幅下滑，导致日本政府未能实现其在第五代计算机项目中所承诺的宏伟愿景。由于资金的撤出，人工智能研究领域再次遭遇寒冬，许多研究项目被迫中断或取消，整个行业的发展陷入了停滞状态。

人工智能的发展如图1-1所示。

图1-1 人工智能的发展

1.1.10　人工智能的历史转折点与深蓝的胜利

自1950年图灵测试首次被提出到1990年，人工智能的发展已经走过了40个春秋。在这40年的时间里，人工智能的概念经历了两次显著的泡沫期，研究层面的人工智能也逐渐细化，分化成了众多的模块和学科。然而，在应用领域，人们迫切需要一个能够引起广泛关注和兴趣的突破性研究。

在这段历史中，华裔科学家许峰雄在攻读博士学位期间一直致力于研究人机博弈的课题。1988年，他成功研发出了一台名为"深思"的机器。这台机器的集成电路板上配备了200块芯片和2个处理器，每秒钟能够分析多达70万个棋位。随后，许峰雄加入了国际商业机器公司(IBM)的研究部门。1992年，IBM委派谭崇仁牵头启动了一个超级电脑研究计划。许峰雄等多位科学家共同努力，打造出了第一代深蓝超级计算机。

截至1997年，国际象棋大师卡斯帕罗夫已经纵横棋坛26年。在国际汽联国际等级分数排名中，2500分以上的棋手被誉为国际特级大师，而卡斯帕罗夫的分数高达2851分，堪称人类巅峰。然而，在1996年，卡斯帕罗夫首次与深蓝交锋时，却意外地败给了这台机器。随后，研究团队对深蓝进行了改良，仅仅一年后，改良后的深蓝在5月份的一场电视直播中，以每秒2亿步棋的惊人运算速度击败了卡斯帕罗夫。

那么，深蓝究竟是如何赢得这场胜利的呢？我们将人类的游戏博弈分为两大类：完美信息游戏和不完美信息游戏。例如，打牌、麻将等游戏，你无法得知对方手中的牌，因此被称为不完美信息游戏。相反，棋类游戏的所有信息都清晰地展现在棋盘上，因此其被称为完美信息游戏。对于棋盘游戏，我们可以用两个概念来衡量其难度、状态、空间和复杂度，即状态空间和游戏数的复杂度。状态空间是指一盘棋中所有符合规则的局面数。以井字棋为例，盘面可能的状态数为3的9次方，即19 683种。而对于国际象棋，状态空间的复杂度达到了惊人的10的46次方。游戏数是指你在规则内能走的所有步数。国际象棋的平均合法移动步数为35步。而从一个局面开始到游戏结束的步数，称为游戏平均长度。国际象棋的平均长度约为80步。通过这种方式，我们可以计算出在每一步棋之后，接下来的应对策略大概是多少。通过计算，国际象棋中游戏数的复杂程度达到了10的123次方。而深蓝被设计出来，每秒可以计算2亿步棋，并且可以搜索在一步走完之后的12步棋的可能情况。在第一次失败之后，研究团队针对卡斯帕罗夫的下法对深蓝进行了专门改进，最终使得深蓝战胜了卡斯帕罗夫。

随着深蓝在象棋上战胜人类的消息迅速传播，这一事件迅速成了人们讨论的焦点。人工智能在人们的欢呼声和不安中迈入了21世纪。

1.2　近现代人工智能的发展

猴子是否具备写作诗歌的能力呢？显然，这是不可能的。然而，如果我们给一只猴子提供一台计算机，并且只允许它敲击键盘输入20个字符，那么这只猴子很可能会随机敲击出 20 个毫无意义的字符。如果我们进一步设定一些限制条件，如只允许它输入中文字符，并且每敲击 5 个字符后必须换行，那么这只猴子敲击出的字符虽然排列整齐，但仍然会是一串语句不通顺、毫无意义的汉字。现在，如果我们召集无数只猴子，并让它们在无限的时间内不断地敲击键盘，那么在这些无限的文本中，是否有可能出现一首真正的诗歌呢？如果我们给猴子提供越来越多的诗歌作为参考，并且设定越来越具体的限制条件，那么它们敲击出的文字将越来越接近一首真正的诗。如果我们把猴子换成计算机程序，这不就是人工智能的运作方式吗？

1.2.1 深蓝的胜利与人工智能的局限性

在1997 年，一台名为深蓝的计算机击败了国际象棋世界冠军卡斯帕罗夫。深蓝之所以能够取得胜利，是因为它采用了暴力穷举的方法，计算出了所有可能的走法，并通过不断搜索最佳的走法，最终在国际象棋领域实现了智能化。然而，国际象棋作为一种有限的数学博弈游戏，可以通过这种方式来实现智能化。但是，如何让人工智能理解并处理其他更为复杂的人类活动呢？这是一个值得深思的问题。

1.2.2 人工智能的理解与处理复杂性

让我们仔细探讨以下三个问题：今天是星期一吗？今天是星期几？你是如何确定今天是星期一的？这三个问题对于人类来说似乎非常简单，但对机器来说，理解这些问题却涉及不同的难度级别。第一个问题实际上是一道简单的判断题，需要在两个选项中作出选择，即"是"或"否"。第二个问题则稍微复杂一些，它变成了一道选择题，需要从七个选项中挑选出与今天日期相对应的星期。第三个问题则是一个开放性问题，它不仅要求机器理解语义，还需要解释回答者是如何得知今天是星期一的，甚至可能需要包含一些证明逻辑。从这个例子中我们可以看出，尽管人类认为这些问题是如此简单，但对于机器来说，它们需要处理的数据和理解的层级是完全不同的。机器需要从单一的感知机模型转变为更复杂的神经网络，这需要更广泛和深入的数学知识。

1.2.3 人工智能的数学基础与神经网络发展

自 1988 年起，朱迪亚·珀尔开始将概率论和决策理论引入人工智能领域。随后，贝叶斯网络、随机模型以及其他各种数学工具的引入，极大地提升了人工智能的学习能力。在早期的神经网络中，机器通过信息的反复传递来进行学习。在这一过程中，权重之间的相乘运算非常漫长且复杂，只要其中一个数值小于 1，最终的结果就会趋向于零，这导致一个被称为梯度消失的问题。当然，这个问题的原理实际上要复杂得多，这里提供的解释只是为了便于理解。1997 年，赛普·霍克赖特和于尔根·施密德胡伯提出了长短期记忆神经网络(long short-term memory，LSTM)，这种网络引入了门控机制，通过处理数据来减轻梯度消失的影响，使得输出结果更加符合预期目标。人工智能的学习随着机械训练变得更加高效，就像一个小朋友学习能力增强时，我们需要做的是为他提供更丰富、更高质量的教材。这就是 21 世纪初人工智能领域最伟大的变革之一——互联网的出现。互联网为人工智能提供了海量的数据资源，极大地丰富了机器学习的素材，使得人工智能能够更快地发展和进步。

1.2.4　人工智能在视觉识别领域的进步

在著名的 ImageNet 大规模视觉识别挑战赛(imageNet large scale visual recognition challenge，ILSVRC)中，亚历克斯的模型赢得了冠军。这场比赛是专门用来测试计算机视觉技术水平的，而 ImageNet 是由华裔科学家李飞飞领导的项目，自 2007 年起不断发展壮大，成了一个庞大的数据库工程。该项目的目标是对上千万张图片进行详细的标注。李飞飞的团队花费了大量时间和精力，手动注释了超过 1400 万张图片。参赛的各个团队则需要对这些图片中的一部分进行识别，以提高比赛模型的准确率。在亚历克斯的模型参赛的那一年，错误率达到了 15.3%。然而，到了 2012 年，也就是 5 年后，在最后一届 ImageNet 比赛上，28 个参赛团队中，模型对图片的识别错误率已经降低到了 5%以下。值得一提的是，国内的海康威视也曾在这个比赛中获得过场景分类比赛的第一名。

在人工智能领域，2014 年俄罗斯研发了一款名为尤金·古斯特曼的人工智能程序，它被设定为一个 13 岁的男孩，喜欢养天竺鼠，其父亲是一名妇产科医生。在一系列的交流测试中，古斯特曼最终以 33%的比例通过了 50 年前设定的图灵测试，这标志着人工智能在模仿人类交流方面取得了重大进展。

1.2.5　OpenAI 的发展与人工智能的风险管理

人工智能的发展在 2015 年迎来了一个重要的节点。由于对人工智能未来发展的担忧，埃隆·马斯克与谷歌创始人拉里·佩奇意见不合，牵头成立了 OpenAI(美国开放人工智能研究中心)，决定自己发起一个组织，以应对谷歌智能研究所可能带来的风险。OpenAI 最初是一家非营利性机构，通过筹集的 1.3 亿美元来开展对人工智能的研究。英伟达当时捐赠了一台超级计算机，使得模型训练时间从 6 天缩短到 2 个小时。此后，OpenAI 开始涉足软件平台和机器人研究领域。2016 年，AlphaGo 以 4:1 的成绩击败了李世石，这是在深蓝赢得人类 20 年后，人工智能在策略预测和胜率计算方面取得的巨大进步。AlphaGo 通过策略网络预测下一步走势的概率，并通过打分评价系统来确定最佳走法。2017 年，AlphaGo 的升级版 AlphaGo Zero 通过自我强化训练，能够将学到的知识内化，并在同年战胜了世界冠军柯洁。同年，谷歌发布了论文 *Attention Is All You Need*，提出了 Transformer 模型。该模型不再依赖逐个框选单词，而是能够捕捉更远距离的语义关系，从而在不丢失信息的情况下理解文章的整体意思。基于 Transformer 架构，OpenAI 在 2018 年推出了大型语言模型 GPT-1。GPT 全称为 generative pre-trained transformer(生成式预训练模型)，它能够自动生成新的样本，并在大数据集上进行无监督预训练。这相当于考试复习时告诉你需要看 3 本书，但具体要复习哪些问题和章节则不明确，需要你自己去摸索。考试结束后再进行微调。对于 GPT-1 来说，考试内容是生成连贯且有逻辑的人类语言，而复习材料则是一个包含7000本不同文学流派和主题的未出版书籍的语料库。训练方式是判断这些自然语言文本中的逻辑关系，包括蕴含、矛盾和中立。通过理解文章上下文的逻辑，GPT-1能够在海量数据中不断探索语言的组合方式，生成的字符序列越来越接近人类语言。

2019年，OpenAI研究机构成立了子公司并转变为营利性公司，利润上限为任何投资的100倍，从而可以合法地接受风险投资。微软注资10亿美元后，OpenAI在当年2月发布了GPT-2。从演示来看，GPT-2在给定假标题的情况下，已经能够写出文章的下半段，虽然内容是虚构的，但在逻辑上已经没有明显问题。同年，香港的Insilica Medicine公司和多伦多大学的研究团队在医药研究上取得了突破，证明了深度学习和生成式模型可以辅助药物研发，缩短研发时间，提高效率。2020年，GPT已经进化到第三代模型，训练参数量达到1750亿，训练内容来自一个总大小为577GB的大规模文字语料库。随后，OpenAI推出了基于GPT-3架构的变体DALL·E，将文本描述转译成图像。2022年12月，基于GPT-3.5架构，OpenAI推出了聊天机器人——ChatGPT。同年，大卫·霍尔兹的MIDjourney可以根据文本生成图像。

2023年3月，GPT模型已经更新到了第四代GPT-4，并且融合了更多的插件功能，如生成图像、绘制图表、搜索事物等，这些都是基于GPT的语言模型进行延伸和整合的功能。相信在未来，人工智能还能实现更多的功能，为人类社会带来更多便利和进步。

1.3 人工智能的基本概念

人工智能是研究、开发和应用各种理论、方法、技术和系统，旨在模拟、延伸和扩展人类智能的一门前沿技术科学。它涵盖了广泛的领域，包括但不限于机器学习、深度学习、自然语言处理(natural language processing，NLP)、计算机视觉和机器人技术等。人工智能的定义多种多样，不同的学者和专家给出了不同的解释。目前，被广泛接受的定义是由斯图亚特·罗素(Stuart Russell)和彼得·诺维格(Peter Norvig)在其著作《人工智能：一种现代的方法》中提出的。他们认为，人工智能是关于"智能主体(intelligent agent)的研究与设计"的学科，而智能主体指的是能够观察其所处环境并采取行动以实现特定目标的系统。

1.3.1 人工智能的定义与范畴

人工智能，也称为人造智能、机器智能，是指利用计算机技术来模拟或实现人类智能行为的一种技术。这只是对人工智能的一个基本或普遍的解释。在学术界，对于人工智能的确切科学定义，目前还没有达成一致的看法和公认的解释。以下是一些学者对人工智能概念的描述，可以视为他们各自对人工智能所下的定义。

1978年，贝尔曼认为，人工智能是那些与人类思维活动相关的自动化过程，如决策、问题解决和学习等。

1985年，约翰·豪格兰德认为，人工智能是一种激动人心的新尝试，旨在让计算机具备思维能力，使机器具有智力。

1991年，里奇·奈特认为，人工智能是研究如何让计算机执行那些目前只有人类才能做得好的任务。

1992年，P. H. 温斯顿认为，人工智能是研究那些能够使知觉、推理和行为成为可能的计算方法。

1998年，尼尔斯·约翰·尼尔森认为，从广义上讲，人工智能是关于人造物的智能行为的研究，而智能行为包括知觉、推理、学习、交流以及在复杂环境中的行为。

斯图亚特·罗素和彼得·诺维格将已有的人工智能定义归纳为四类：像人一样思考的系统、像人一样行动的系统、理性地思考的系统和理性地行动的系统。

尽管这些定义都指出了人工智能的一些关键特征，但它们并不能明确地界定一台计算机是否具备智能。因为要界定机器是否具有智能，必然要涉及对智能本质的理解。然而，关于智能的本质，至今还没有一个公认的定义。这也是人工智能至今没有公认定义的根本原因。因此，尽管人们提出了许多关于人工智能的说法，但这些说法都没有完全或严格地用智能的内涵或外延来定义人工智能。

1.3.2 人工智能的目标与应用

总的来说，人工智能是研究如何使计算机模拟人类的某些思维过程和智能行为(如学习、推理、思考、规划等)的学科。它主要包括计算机实现智能的原理、制造类似于人脑智能的计算机以及让计算机在实际生活中能够实现更高层次的应用。人工智能的目标是创造出能够自主学习、适应和解决问题的智能系统，从而在各个领域辅助或替代人类的工作，提高效率和生产力。

1.4 本章小结

(1) 人工智能是一门融合了计算机科学、控制论、信息论等多个学科的交叉学科，自1956年正式命名以来，它经历了迅猛的发展，并被认为是20世纪三大科技成就之一，有潜力成为继工业革命之后的第四次工业革命。

(2) 人工智能的起源可以追溯到人类对思维能否被复制的探索，从古代文字记录到图灵的机器，再到现代对大脑电信号的研究，人们试图通过各种方式理解并模拟思维过程。

(3) 图灵测试是衡量机器智能的一种方法，通过测试机器回答问题的能力来评估其智能水平，引发了关于机器是否能思考的哲学和科学讨论。

(4) 人工智能的研究方向主要分为符号主义、连接主义和行为主义。符号主义侧重于逻辑推理和符号操作，连接主义基于神经网络和学习算法，行为主义强调与环境的互动和适应。

(5) 在人工智能的发展历程中，科学家们通过会议和研究汇聚了不同领域的成果，定义了机器学习的概念，并开发了早期的智能程序和机器人，如亚瑟·萨缪尔的跳棋程序和世界上第一个聊天机器人伊丽莎。

1.5 本章习题

一、单项选择题

1. 人工智能被认为是 20 世纪三大科技成就之一，以下哪项不是这一成就之一？（　　）
   A. 人工智能　　　　　　　　B. 空间技术
   C. 原子能技术　　　　　　　D. 互联网技术
2. 关于人工智能的起源，以下哪项描述是错误的？（　　）
   A. 人工智能的起源可以追溯到人类对思维能否被复制的探索
   B. 人工智能的发展与古代文字记录无关
   C. 图灵的机器是探索思维复制的一个重要里程碑
   D. 现代对大脑电信号的研究与人工智能的起源有关
3. 图灵测试是用来衡量机器智能的一种方法，以下关于图灵测试的描述哪项是错误的？（　　）
   A. 图灵测试通过测试机器回答问题的能力来评估其智能水平
   B. 图灵测试不能引发关于机器是否能思考的哲学和科学讨论
   C. 图灵测试是艾伦·图灵提出的
   D. 图灵测试与机器智能的评估有关
4. 人工智能的研究方向中，以下哪项描述不符合行为主义的特点？（　　）
   A. 符号主义侧重于逻辑推理和符号操作
   B. 连接主义基于神经网络和学习算法
   C. 行为主义强调与环境的互动和适应
   D. 行为主义强调通过与环境的互动来学习和适应
5. 在人工智能的发展历程中，以下哪项成就不是亚瑟·萨缪尔的贡献？（　　）
   A. 定义了机器学习的概念
   B. 开发了早期的跳棋程序
   C. 创建了世界上第一个聊天机器人伊丽莎
   D. 提出了连接主义理论

二、多项选择题

1. 关于人工智能的早期发展，以下哪些陈述是正确的？（　　）
   A. 约翰·麦卡锡在 1956 年于达特茅斯组织了一场会议，汇聚了人工智能领域的科学家

    B. 人工智能的研究被划分为符号主义、连接主义和行为主义等主要方向
    C. 人工智能的发展与计算机下棋的研究无关
    D. 人工智能这一领域的名字是在达特茅斯会议上被赋予的
2. 符号主义在人工智能中的特点包括哪些？（   ）
    A. 基于符号和规则的研究方法
    B. 核心理念是智能行为可以通过符号的操作和处理来实现
    C. 强调使用明确的、形式化的规则来处理知识
    D. 与逻辑推理和心理学派无关
3. 连接主义和行为主义的特点包括哪些？（   ）
    A. 连接主义基于神经网络及其连接机制和学习算法
    B. 行为主义强调与环境的互动和适应
    C. 连接主义的核心是构建由大量简单处理单元组成的网络
    D. 行为主义认为智能行为可以通过模拟人类在特定环境中的感知和反应来实现

三、判断题

1. 人工智能是一门旨在模拟、延伸和扩展人类智能的前沿技术科学。（   ）
2. 人工智能的定义在全球学术界已经达成了一致的看法和公认的解释。（   ）
3. 斯图亚特·罗素和彼得·诺维格认为，人工智能是关于"智能主体的研究与设计"的学科，智能主体能够观察其所处环境并采取行动以实现特定目标。（   ）
4. 人工智能的研究领域仅限于机器学习、深度学习和自然语言处理。（   ）
5. 根据 Nilsson 的定义，人工智能是关于人造物的智能行为的研究，智能行为不包括知觉、推理和学习。（   ）

第2章 大数据与人工智能

在信息技术日新月异的今天,人类正以前所未有的步伐迈入一个全新的数据密集型时代。这个时代的标志便是大数据的兴起与普及。大数据,这一时代的璀璨明珠,不仅彻底颠覆了传统信息的存储、处理与分析范式,更为人工智能的飞跃式发展铺设了一条宽广的道路,使其得以在更加肥沃的土壤中茁壮成长。本章将深入剖析大数据与人工智能之间错综复杂的紧密联系,揭示大数据如何成为推动人工智能发展的强大引擎,并详细介绍大数据处理的核心技术及其在人工智能应用中的关键作用。

2.1 大数据

数据的出现最早可以追溯到远古时期人类的绳结记事。绳结记事是最早的摆脱时空限制记录事件并进行传播的一种手段之一。绳结记事其实算是原始的二进制,对记录某事物的绳子这个位置打个结表示有,没打结表示无。随着历史的发展,人类记录事件的方式也越来越先进。

2.1.1 什么是大数据

大数据(big data)这一概念在当今的信息时代已经成了一个不可或缺的重要元素,它不仅深刻影响着企业的运营策略,还推动着社会科学的进步与发展。大数据是指规模庞大到传统数据库软件工具在获取、存储、管理和分析方面难以胜任的数据集合。这些数据集合通常具有的显著特征是大量(volume)、高速(velocity)、多样(variety)、价值(value),即所谓的"4V"特征。

1. 大量

大数据的首要特征就是其庞大的数据量。随着信息技术的飞速发展，特别是互联网、物联网、移动设备的普及，数据产生的速度和规模呈指数级增长。这种规模的数据量远远超出了传统数据库和数据处理工具的能力范围，需要采用分布式存储、云计算等先进技术来应对。例如，社交媒体平台每天产生的用户生成内容(UGC)、电商平台的海量交易记录、智慧城市中的各类传感器数据等，都是大数据的重要来源。

2. 高速

大数据的第二个特征是高速性，即数据的产生和处理速度非常快。在实时性要求极高的应用场景中，如金融市场的高频交易、智能交通系统的路况监测、在线游戏的即时反馈等，数据的实时处理能力至关重要。这要求大数据处理系统具备低延迟、高并发的特点，能够在极短的时间内完成数据的采集、处理和分析，以支持决策的快速响应。

3. 多样

大数据的多样性体现在数据类型的丰富性上。传统的数据处理主要关注结构化数据，如关系数据库中的表格数据。然而，在大数据时代，半结构化数据(如 JSON、XML 等)和非结构化数据(如文本、图像、音频、视频等)占据了越来越大的比例。这些数据类型的多样性给数据处理和分析带来了更大的挑战，需要采用更加灵活和强大的数据处理技术，如自然语言处理、图像识别、音频分析等。

4. 价值

大数据的价值体现在其潜在的信息挖掘和洞察能力上。尽管单个数据点的价值可能有限，但当这些数据被集中起来进行综合分析时，就有可能揭示出隐藏的模式、趋势和关联，从而为企业决策提供有力的支持。例如，通过对社交媒体数据的分析，可以了解消费者的需求和偏好；通过对医疗健康数据的挖掘，可以发现疾病的早期预警信号；通过对城市交通数据的分析，可以优化交通流量管理，减少拥堵等。这些洞察不仅有助于提升企业的运营效率和市场竞争力，还能推动社会科学的进步和发展。

2.1.2 大数据相关技术

大数据技术，作为能够处理和分析海量数据集的一系列先进技术和工具，正深刻改变着各个行业的数据处理与分析方式。这些技术体系共同构成了复杂而高效的大数据处理和分析生态系统。大数据技术不仅涵盖了数据采集、存储、处理、分析等多个环节，还涉及数据安全、数据治理、数据可视化等多个方面。在数据采集阶段，通过多样化的数据源和高效的采集工具，确保数据的全面性和实时性。数据存储则依赖于分布式文件系统、NoSQL 数据库及云存储等技术，实现数据的高效存储与扩展。数据处理是大数据技术中的核心环节，包括数据清洗、转换、加载(extract transform load, ETL)等操作，以提升数据质量并满足后续分析需求。数据分析则运用统计分析、机器学习、人工智能等先进方法，从数据中挖掘出有价值的信息和模式。

此外，大数据技术还强调数据安全与隐私保护，通过数据加密、访问控制、数据匿名化等手段，确保数据在传输、存储和使用过程中的安全性与合规性。同时，数据治理的引入进一步提升了数据的质量、一致性和完整性，为数据驱动的决策提供有力支撑。

大数据技术的广泛应用，不仅推动了金融、医疗、零售、物流等多个行业的数字化转型，还促进了数据科学、人工智能等前沿领域的发展。未来，随着技术的不断进步和应用场景的持续拓展，大数据技术将继续发挥重要作用，为人类社会创造更多价值。

1. 分布式存储系统

分布式存储系统是将数据分散存储在多台独立的设备上，通过网络进行连接和协同工作，以保证数据的可靠性和可扩展性。分布式存储系统能够应对大数据环境下数据规模庞大、复杂度高、增长迅速等挑战。

(1) 代表技术。

HDFS(hadoop distributed file system)是 Hadoop 生态系统的核心组件之一，专为大规模数据集的高吞吐量访问而设计。它采用主从(master/slave)架构，由一个 NameNode(主节点)和多个 DataNode(数据节点)组成，NameNode 负责存储文件的元数据，DataNode 负责存储实际的数据块。

(2) 特点。

① 高可靠性：通过数据冗余存储和容错机制保证数据不丢失。

② 高扩展性：可以动态地增加或减少存储节点。

③ 高性能：通过并行处理和数据本地化优化提高数据访问速度。

2. 分布式计算框架

分布式计算框架是用于构建分布式计算系统的软件框架，能够利用多台计算机并行处理任务，以加快计算速度和提高计算效率。

(1) 代表技术。

① MapReduce：MapReduce 是由 Google 提出并由 Apache Hadoop 实现的一种编程模型，用于大规模数据集(大于 1TB)的并行运算。它将复杂的计算过程抽象为两个主要阶段：映射(map)和归约(reduce)。

② Spark：一个快速、通用的大规模数据处理引擎，提供了比 Hadoop MapReduce 更高级别的抽象功能和更快的计算速度。Spark 支持内存计算，能够显著提升迭代式计算任务的性能。

(2) 特点。

① 并行处理：能够利用多台计算机同时处理数据。

② 弹性扩展：可以根据计算任务的需求动态调整计算资源。

③ 高效计算：通过优化算法和数据布局提高计算效率。

3. NoSQL 数据库

NoSQL(Not Only SQL)泛指非关系型数据库，它们不遵循传统的关系数据库模型，而是采用键值存储、列存储、文档存储或图形存储等新型数据模型。

(1) 代表技术。

① MongoDB：一个基于分布式文件存储的数据库，由 C++ 语言编写，旨在为 Web 应用提供可扩展的高性能数据存储解决方案。

② Cassandra：一个开源的分布式 NoSQL 数据库系统，最初由 Facebook 开发，后来成为 Apache 顶级项目。它具有高可用性和容错性，支持跨多数据中心的数据复制。

(2) 特点。

① 灵活的数据模型：支持复杂的数据结构和数据类型的存储。

② 水平扩展性：能够轻松地在多个节点之间分配数据和负载。

③ 高性能：通过优化存储和查询算法提高数据访问速度。

4. 数据挖掘和分析工具

数据挖掘和分析工具是用于从大量数据中提取有用信息和模式的软件工具，它们支持数据探索、统计分析、机器学习等多种分析方法。

(1) 代表技术。

① R 语言：一个专门用于统计分析和数据挖掘的编程语言，拥有广泛的统计和机器学习包。

② Python：一种流行的编程语言，具有丰富的数据挖掘库和工具包，如 NumPy、Pandas、Scikit-learn 等。

(2) 特点。

① 强大的数据处理能力：支持复杂的数据清洗、转换和聚合操作。

② 丰富的算法库：提供多种数据挖掘和机器学习算法实现。

③ 易于集成和扩展：可以与其他软件和工具进行无缝集成和扩展。

5. 数据可视化工具

数据可视化工具是将数据以图形或图像的形式呈现给用户，帮助用户更直观地理解数据和分析结果的工具。

(1) 代表技术。

① Tableau：一个功能强大的数据可视化软件，支持多种数据源和复杂的图表类型。

② Power BI：微软推出的商业智能工具，与 Excel 和 Azure 无缝集成，提供丰富的可视化选项和交互功能。

(2) 特点。

① 直观的可视化效果：通过图表、图形和图像直观地展示数据。

② 交互式分析：支持用户通过点击、筛选和悬停等操作探索数据。

③ 易于分享和协作：可以将可视化结果导出为多种格式并与他人分享。

6. 数据集成和 ETL 工具

数据集成和 ETL 工具用于数据的提取、转换和加载，确保数据在不同系统之间的有效流动和整合。

(1) 代表技术。

① Informatica PowerCenter：一款业界领先的数据集成和 ETL 工具，提供了丰富的

数据转换和集成功能，支持大规模数据处理。

② Apache NiFi：一个易于使用、可靠且强大的系统，用于数据的自动化和流处理。它支持复杂的数据路由、转换和系统集成。

(2) 特点。

① 数据集成工具：侧重多源数据整合与实时处理，适用于需要实时同步和共享的场景。

② 同 ETL 工具：侧重数据提取、转换和加载，适用于大规模数据处理和批处理场景。

2.1.3 大数据与人工智能的关系及其在实践中的应用

在人工智能的广阔领域，大数据与人工智能的关系尤为密切。大数据作为信息时代的重要资源，为人工智能的发展提供了丰富的数据支撑；而人工智能则通过其强大的数据处理和分析能力，进一步挖掘大数据的潜在价值。本节将详细探讨大数据与人工智能的相互关系及其在实践中的应用。

1. 数据驱动的智能

人工智能系统，特别是基于机器学习和深度学习的模型，其性能的提升高度依赖大数据。大数据为人工智能系统提供了源源不断的训练数据，使得人工智能模型能够不断优化和完善。

实践案例：以自然语言处理为例，通过收集和分析海量的文本数据，人工智能模型能够学习到语言的复杂结构和规律，从而实现更准确的文本分类、情感分析等功能。

2. 特征工程

特征工程是机器学习中至关重要的步骤，它涉及从原始数据中提取和创建对模型训练有用的特征。大数据技术能够协助这一过程，通过数据预处理、特征选择、特征转换等技术，提高模型的训练效率和准确性。

实践案例：在图像识别领域，利用大数据技术可以对图像进行预处理，如去噪、增强对比度等，然后提取图像的纹理、颜色、形状等特征，为后续的机器学习模型提供有效的输入。

3. 预测与决策支持

通过分析大数据，人工智能系统能够提供精准的预测和决策支持。这种能力在多个领域具有广泛的应用价值，如金融、医疗、交通等。

实践案例：在金融领域，人工智能系统可以通过分析历史交易数据、市场趋势、宏观经济指标等大数据信息，预测股票价格的走势，为投资者提供投资建议。在医疗领域，人工智能可以通过分析患者的病历数据、医学影像等，辅助医生进行疾病的诊断和治疗方案的制订。

4. 模式识别

模式识别是人工智能的一个重要应用领域，它旨在从大数据中发现隐藏的规律和关联。大数据技术为模式识别提供了丰富的数据源和计算资源。

实践案例：在电商领域，人工智能系统可以通过分析用户的购买历史、浏览行为等大数据信息，识别用户的兴趣和偏好，从而推送个性化的商品推荐；在网络安全领域，人工智能可以通过分析网络流量数据、日志信息等，识别出潜在的网络攻击行为。

5. 自动化与优化

人工智能可以利用大数据来优化各种业务流程和操作，并实现自动化，提高效率和效果。这种能力在工业生产、服务业等多个领域具有广泛的应用前景。

实践案例：在制造业中，人工智能系统可以通过分析生产过程中的大数据信息，实现生产线的自动化控制和优化调度，减少浪费和提高生产效率；在物流领域，人工智能可以通过分析交通流量、路况信息等大数据信息，优化配送路线和运输计划，降低物流成本和提高客户满意度。

大数据与人工智能之间存在着紧密的相互促进关系。大数据为人工智能提供了丰富的数据源和计算资源，使得人工智能系统能够不断学习和优化；而人工智能系统则通过其强大的数据处理和分析能力，进一步挖掘大数据的潜在价值，为各个领域的发展提供有力支持。在未来的发展中，大数据与人工智能的结合将会更加紧密，共同推动科技和社会的进步。

2.2 大数据基础

大数据是规模巨大、类型多样、处理速度快的数据集合。它涉及数据的采集、存储、管理、分析和解释，旨在从海量信息中提取有价值的洞察和知识。大数据技术能够处理结构化、半结构化和非结构化数据，包括文本、图像、视频、日志文件等。其核心价值在于预测分析和决策支持，广泛应用于商业智能、金融、医疗、交通、教育等领域。随着云计算、物联网和人工智能技术的发展，大数据已成为推动创新和竞争力的关键因素。

2.2.1 数据类型与来源

在大数据时代，数据类型的多样性和数据来源的广泛性构成了大数据的两大基础特性，了解并掌握这些数据类型和来源，对于有效处理和利用大数据具有重要意义。

1. 数据类型

大数据涵盖了多种类型的数据，每种类型都有其特性和独特的应用场景。以下是三种主要的数据类型及其详细说明。

(1) 结构化数据。结构化数据是指遵循特定格式和模式，能够用二维表结构逻辑表达的数据。结构化数据通常存储在关系型数据库中，如 MySQL、Oracle 等。特点：数据字段明确，数据之间关系清晰，易于通过 SQL 等查询语言进行检索、排序、汇总等操作，数据格式规范，适合进行复杂的数学计算和分析。示例：用户信息表(包含姓名、年龄、性别、地址等字段)、销售数据表(包含产品名称、销量、销售额、销售时间等字段)。

(2) 半结构化数据。半结构化数据是介于完全结构化数据(如关系型数据库)和完全无结构的数据(如纯文本文件)之间的数据。它具有一定的组织结构，但这种结构是灵活的，不是固定的。特点：通常包含标签或元数据来描述数据的结构和内容，数据模型较为灵活，适合表示复杂的数据关系，常见的格式有 XML、JSON 等。示例：HTML 网页(通过标签描述内容结构)、JSON 格式的配置文件或数据交换文件。

(3) 非结构化数据。非结构化数据是指没有固定结构或模式的数据，通常包括文本、图像、音频、视频等多媒体数据。特点：数据形式多样，处理难度大，需要采用特定的算法和技术来解析和提取信息；数据量通常很大，占据了大数据的绝大部分；富含信息，但提取和利用这些信息需要复杂的处理过程。示例：社交媒体上的文本消息、用户上传的图片和视频、医疗影像资料(如 X 光片、CT 扫描图等)、科学研究中的实验数据等。

2. 数据来源

大数据的来源广泛多样，涵盖了互联网、传统行业、物联网等多个领域。以下是几种主要的数据来源及其详细说明。

(1) 互联网数据。互联网是大数据的主要来源之一，包括社交媒体、搜索引擎、电商平台、在线视频平台等产生的海量数据。特点：数据量大，增长速度快；数据类型丰富，包括结构化数据、半结构化数据和非结构化数据；数据价值高，具有广泛的应用前景。示例：微博、微信等社交媒体上用户生成的内容，包括文字、图片、视频等；淘宝、京东等电商平台的交易数据、用户行为数据；YouTube、爱奇艺等视频平台的观看记录、用户评论等。

(2) 传统行业数据。传统行业(如电信、银行、金融、医疗等)也积累了大量的数据。特点：数据质量高，价值密度大；数据格式多样，包括结构化数据、半结构化数据和非结构化数据；对行业内部的分析和决策具有重要意义。示例：电信运营商的通话记录和位置信息、银行的交易流水和信贷数据、医疗机构的病历和影像资料等。

(3) 物联网数据。物联网技术的发展使得各种智能设备和传感器能够实时采集和传输数据。特点：数据实时性强，更新频率高；数据类型多样，包括温度、湿度、压力、位置等多种传感器数据。对实现智能化管理和服务具有重要意义。示例：智能家居设备(如智能门锁、智能灯泡)的运行状态和控制指令、智能交通系统的车流和路况信息、工业物联网中的生产设备和流程数据等。

(4) 政府和企业内部数据。政府机构和企业在日常运营和管理过程中也会产生大量的数据。特点：数据保密性强，需要严格控制访问权限；数据格式多样，包括结构化数据、半结构化数据和非结构化数据。示例：政府部门的统计数据、政策文件，企业的财务报表、销售数据、客户信息等。

(5) 第三方数据服务。除以上几种来源外，还有许多第三方数据服务机构提供的数据，如市场调研数据、行业数据等。

2.2.2 数据存储与管理

在大数据领域，数据存储与管理是支撑数据分析和智能应用的关键环节。随着数据量的爆炸性增长和数据类型的多样化，高效地存储和管理这些数据成了大数据技术的核心挑战之一。

1. 数据存储技术

数据存储技术主要有以下几种。

(1) 分布式存储系统。分布式存储系统是一种将数据分散存储在多台独立设备上的技术。这种系统采用可扩展的系统结构,利用多台存储服务器分担存储负荷,并通过位置服务器定位存储信息。它提高了系统的可靠性、可用性和存取效率,并易于扩展。

(2) 非关系型(NoSQL)数据库。NoSQL 数据库泛指非关系型的数据库,它不完全遵循关系型数据库的 ACID 特性。NoSQL 数据库种类繁多,但共同特点是去掉关系数据库的关系型特性,使得数据之间无关系,从而易于扩展。

(3) 列式存储。列式存储是一种针对分析型查询优化的存储方式。它将数据按列存储,而不是按行存储,在查询时只需读取需要分析的列数据,减少了磁盘 I/O 和网络传输的开销。这种存储方式特别适用于大数据仓库和数据分析场景。

(4) 云存储。云存储利用云计算技术,将数据存储在云端服务器上,用户可以通过互联网随时随地访问数据。云存储具有弹性扩展、高可用性和安全性等优势,使企业能够根据实际需求灵活调整存储资源。同时,云存储提供了丰富的应用程序接口(API)和工具,方便用户进行数据管理和分析。

2. 数据管理技术

数据管理技术有数据仓库、数据治理、数据压缩与加密、数据生命周期管理。

(1) 数据仓库。数据仓库是面向主题的、集成的、非易失的且随时间变化的数据集合,用于支持企业或组织的决策分析。数据仓库通过 ETL[抽取(extract)、转换(transform)、加载(load)]过程将来自不同数据源的数据整合到一起,并提供统一的数据视图和查询接口。数据仓库通常采用星形模式或雪花模式进行数据建模,以提高查询性能。

(2) 数据治理。数据治理是确保数据质量、安全性和合规性的重要手段。它包括数据标准制定、数据质量监控、数据安全防护和合规性审查等多个方面。数据治理不仅可以确保大数据的准确性和可靠性,为数据分析提供有力保障,还有助于提升企业的数据资产管理水平,推动数据驱动的决策和创新。

(3) 数据压缩与加密。由于大数据的数据量巨大,为了节省存储空间和传输带宽,通常需要对数据进行压缩。同时,为了保护数据的机密性和完整性,需要对数据进行加密处理。数据压缩和加密技术可以在不影响数据分析结果的前提下,有效降低存储和传输成本,增强数据的安全性。

(4) 数据生命周期管理。数据生命周期管理是指对数据从创建到销毁的整个生命周期进行规划、实施、监控和优化的一系列活动。它包括数据的分类、存储、备份、恢复、归档和销毁等环节。数据生命周期管理可以合理规划存储资源,提高数据利用率,降低存储成本,并确保数据的合规性和安全性。

3. 案例分析

以某电商企业为例,该企业每天都会产生大量的交易数据、用户行为数据和商品信息等。为了高效地存储和管理这些数据，该企业采用了 Hadoop 分布式存储系统来存储海量数据，并利用 HBase 等 NoSQL 数据库来支持快速查询和分析。同时，该企业建立了数据仓库来整合不同数据源的数据，并通过数据治理来确保数据的质量和安全性。在数据生命周期管理方面，该企业采用了自动化备份和恢复策略，以及数据归档和销毁机制来降低存储成本并确保数据的合规性。通过这些措施的实施，该企业成功构建了高效、安全、可扩展的大数据管理体系，为企业的智能化转型提供了有力支撑。

2.2.3 数据预处理与清洗

在大数据处理的广阔领域，数据预处理与清洗是至关重要的一环，不仅关乎数据质量的提升，还直接影响到后续数据分析、挖掘以及人工智能模型训练的准确性和效率。

1. 数据预处理

数据预处理是指在将数据输入数据分析、机器学习或任何数据处理流程之前，对数据进行的一系列转换、清洗、整理等操作。这些操作旨在提高数据的质量，使其更加适合后续的处理和分析。数据预处理可以包括多个方面，如数据清洗、数据集成、数据转换、数据规约等。

2. 数据清洗

数据清洗是数据预处理的核心环节之一，它专注于识别并纠正数据集中的错误、异常值、重复记录、缺失值等问题。数据清洗的目的是提高数据的准确性和一致性，减少噪声和误差对数据分析和模型训练的影响。

数据清洗通常包括以下几个步骤。

(1) 缺失值处理。

① 删除法：直接删除包含缺失值的记录或特征。

② 填充法：使用统计值(如均值、中位数、众数)、模型预测值或特定值(如"未知""不适用"等)来填充缺失值。

(2) 异常值处理。识别数据中的异常值，这些异常值可能由于测量错误、录入错误或数据本身的极端情况而产生。对异常值进行处理，可以采取删除、替换或保留的策略。具体采取何种策略取决于异常值对数据分析的影响程度。

(3) 数据去重。识别并删除或合并数据集中的重复记录，以减少数据冗余和提高数据分析的准确性。

(4) 格式统一。确保数据集中的日期、时间、货币等字段的格式统一，以便进行后续的数据处理和分析。

3. 数据预处理的其他环节

除数据清洗外，数据预处理还包括以下环节。

(1) 数据集成。数据集成是指将来自不同数据源的数据合并成一个统一的数据集。它涉及解决数据冗余、不一致性和冲突等问题。

(2) 数据转换。数据转换是指将数据从一种格式或结构转换为另一种格式或结构，以满足数据分析或模型训练的需求。例如,将类别型数据转换为数值型数据(独热编码、标签编码等),或进行数据的标准化、归一化处理等。

(3) 数据规约。数据规约是指通过聚合、抽样、降维等方法减少数据量,以提高数据处理的效率和性能;同时,确保在减少数据量的同时尽可能保留数据的原始信息和价值。

4. 数据预处理与清洗的重要性

数据预处理与清洗在大数据分析和人工智能应用中具有不可替代的作用。通过合理的预处理和清洗操作,不仅能够显著提高数据的质量和可用性,减少噪声和误差对数据分析的干扰,从而提高数据分析的准确性和可靠性,还可以降低模型训练的复杂度和过拟合风险,提高模型的泛化能力和性能。

因此,在进行大数据分析和人工智能应用时,务必重视数据预处理与清洗工作,并投入足够的时间和精力来确保数据的质量。只有这样,才能为后续的数据分析和模型训练奠定坚实的基础。

2.3 本章小结

本章深入探讨了大数据与人工智能的紧密联系,并阐释了大数据技术在人工智能发展中的关键作用。大数据,以其"4V"特征——大量(volume)、高速(velocity)、多样(variety)和价值(value)——定义了信息时代的新标准。这些特征不仅标志着数据规模的庞大和类型的丰富,也预示着数据背后的巨大潜力。

大数据技术包括分布式存储系统、分布式计算框架、NoSQL 数据库、数据挖掘与分析工具、数据可视化工具以及数据集成和 ETL 工具,构成了一个高效、复杂的生态系统。这些技术使得从海量数据中提取有用信息成为可能,它们支撑着金融、医疗、零售等行业的数字化转型,并推动了数据科学和人工智能的发展。

在人工智能领域,大数据提供了训练数据,使机器学习和深度学习模型得以优化和完善。特征工程、预测与决策支持、模式识别、自动化与优化等都体现了大数据与人工智能的深度融合。这种融合不仅提高了业务流程的效率,还促进了科技创新。

数据类型与来源的多样性是大数据的另一大特点。结构化数据、半结构化数据和非结构化数据各有其特点和应用场景,而互联网数据、传统行业数据、物联网数据、政府和企业内部数据以及第三方数据服务等,都是大数据的重要来源。这些数据源的多样性,使大数据分析具有广阔的应用前景。

数据存储与管理是大数据应用的基石。列式存储、云存储等技术的发展,以及数据仓库、数据治理、数据压缩与加密、数据生命周期管理等管理技术的应用,确保了数据的安全、高效和可扩展性。这些技术的应用,为企业提供了高效、安全的大数据管理体系,支撑企业的智能化转型。

数据预处理与清洗是确保数据分析和人工智能模型准确性的前提。缺失值处理、异常值处理、数据去重和格式统一等步骤提高了数据的准确性和一致性，减少了数据分析中的噪声和误差。数据集成、数据转换和数据规约等操作进一步提高了数据的质量和可用性，为模型训练的复杂度和性能提供了保障。

大数据与人工智能的结合，不仅推动了技术的发展，而且为社会的进步提供了动力。随着技术的不断进步，两者结合将更加紧密，共同开启一个智能化、数据驱动的新时代。

2.4 本章习题

一、单项选择题

1. 大数据的"4V"特征不包括以下哪一项？（　　）
   A. 大量(volume)　　B. 高速(velocity)　　C. 多样(variety)　　D. 可见性(visibility)
2. 下列哪个是 Hadoop 生态系统中的分布式存储系统？（　　）
   A. MapReduce　　B. Spark　　C. HDFS　　D. NoSQL
3. 以下哪种数据类型最适合用关系型数据库存储？（　　）
   A. 非结构化数据(如图片)　　　　B. 半结构化数据(如 JSON)
   C. 结构化数据(如用户信息表)　　D. 实时数据流
4. 以下哪项不是数据清洗的常见步骤？（　　）
   A. 缺失值处理　　B. 异常值处理　　C. 数据去重　　D. 数据可视化
5. 哪种分布式计算框架支持内存计算，并能显著提升迭代式计算任务的性能？（　　）
   A. Hadoop MapReduce　　　　　　B. Apache Spark
   C. Cassandra　　　　　　　　　　D. MongoDB

二、多项选择题

1. 以下哪些技术属于 NoSQL 数据库？（　　）
   A. MongoDB　　B. MySQL　　C. Cassandra　　D. Oracle
2. 数据预处理通常包括以下哪些步骤？（　　）
   A. 数据清洗　　B. 数据集成　　C. 数据转换　　D. 数据可视化

三、判断题

1. 大数据是指规模庞大的传统数据库软件工具在获取、存储、管理和分析方面难以胜任的数据集合。（　　）
2. HDFS 适合存储大量小文件。（　　）
3. 数据仓库是面向主题的、集成的、非易失的且随时间变化的数据集合，用于支持企业或组织的决策分析。（　　）
4. 数据清洗只包括处理缺失值和异常值。（　　）

第 3 章
机器学习

机器学习(machine learning，ML)是人工智能的一个重要分支，旨在让计算机通过数据学习做出决策，而不需要明确编程。随着数据量的激增和计算能力的提高，机器学习已经在许多领域取得了显著的进展，如图像识别、自然语言处理、医疗诊断和金融预测等。

3.1 机器学习基础

本节主要学习机器学习的基础部分，包括机器学习概述、分类、原理等，能让读者从多个方面基本了解机器学习的基础。

3.1.1 机器学习概述

机器学习是人工智能的一个重要分支，其核心目标是让计算机从数据中学习，并在没有显式编程的情况下做出决策或预测。机器学习通过算法和统计模型识别数据中的模式，进而生成可以处理和预测新数据的模型。

1. 基本概念

机器学习的基本概念包括数据、模型、训练和预测。数据是机器学习的基础，通常分为训练集和测试集。训练集用于让模型学习数据中的模式，而测试集则用于评估模型的性能。模型是算法的具体实现，它从数据中提取信息，并基于这些信息进行预测或分类。训练是模型学习数据的过程。预测是模型在新数据上应用其所学知识的过程。

机器学习作为人工智能领域的重要分支，其发展经历了几个关键阶段。从 20 世纪 50

年代图灵提出的图灵测试和早期的感知器模型开始,到70年代的专家系统,再到90年代统计学习方法的崛起,这一领域不断发展。21世纪初,深度学习和卷积神经网络(convolutional neural networks,CNN)的突破推动了机器学习的应用,特别是在图像识别和自然语言处理方面。进入21世纪20年代,大型语言模型如GPT-3和BERT的出现进一步推动了自然语言处理的进步,同时生成对抗网络(generative adversarial networks,GAN)在图像生成和数据增强方面取得了显著成果。展望未来,机器学习技术的普及和应用将继续扩展到更多领域,同时需要应对伦理和隐私问题,技术融合与创新也将推动新一轮的变革。

2. 主要类别

机器学习可以分为三大主要类别。

(1) 监督学习。模型通过已标注的数据进行训练,从而学会将输入映射到正确的输出。常见的应用包括分类任务(如垃圾邮件检测、图像识别)和回归任务(如房价预测)。

(2) 无监督学习。模型在没有标签的数据上进行训练,目标是识别数据中的模式或结构。常见的应用包括聚类分析(如客户分群)、降维[如主成分分析(principal component analysis,PCA)]等。

(3) 强化学习。模型通过与环境的交互不断学习,通过试错的方式找到最优策略,以最大化某个目标(通常称为"奖励")。这类方法常用于游戏人工智能、自动驾驶等领域。

3. 应用领域

机器学习已广泛应用于各个领域,推动了众多技术的发展。例如,在自然语言处理中,机器学习被用于翻译、语音识别、情感分析等任务;在计算机视觉中,机器学习用于图像识别、物体检测和自动驾驶;在医疗领域,机器学习用于疾病预测、图像诊断和个性化治疗方案推荐。此外,机器学习在金融、推荐系统、营销自动化等多个领域也发挥了重要作用。

4. 挑战与前景

尽管机器学习技术取得了显著进展,但是它仍面临许多挑战。数据质量和数量、算法的可解释性、模型的泛化能力以及隐私和伦理问题都是当前需要解决的难题。随着数据量的持续增长和计算能力的提升,机器学习的应用前景广阔,预计将在越来越多的领域发挥更大的作用。

机器学习通过让计算机自主学习数据中的规律,已成为推动现代技术进步的关键力量。随着技术的发展,机器学习的应用将继续扩展,带来更多的创新和变革。

3.1.2 机器学习的分类

1. 监督学习

监督学习(supervised learning)是一种利用已知数据进行训练的机器学习方法。这些数据包含输入特征和对应的目标输出(标签),模型通过学习这些特征与标签之间的映射关系来实现对新数据的预测。例如,利用一组房屋数据(如面积、房间数等)和已知的房价,模型可以学习如何根据房屋特征预测房价。同样,在垃圾邮件检测中,模型通过分析已标记为"垃圾邮件"或"正常邮件"的样本,学习区分不同类型邮件的特征。

监督学习的主要任务包括分类和回归。分类用于预测离散的类别，如判断一封邮件是垃圾邮件还是正常邮件；而回归用于预测连续的数值，如根据房屋特征估算房屋价格。通过对训练数据的学习，模型能够提取特征之间的规律，从而在测试数据或实际应用中做出准确的预测。

2. 无监督学习

无监督学习(unsupervised learning)是一种无须标签数据的机器学习方法，其目标是从数据中发现潜在的模式或结构。与监督学习不同，无监督学习并不依赖已标注的输入输出对，而是直接处理未经标注的原始数据。通过分析数据的特性，无监督学习可以识别出隐藏的规律，为数据的组织、理解和解释提供帮助。

在无监督学习中，模型通常用于任务，如聚类和降维。聚类是将相似的数据点分组，如根据用户行为将客户分为不同类型的消费群体；降维用于简化数据表示，将高维数据映射到低维空间，同时尽量保留其关键信息。这些方法帮助从复杂的数据中提取出核心信息，便于进一步分析或建模。

无监督学习广泛应用于数据探索和模式识别，尤其是在没有明确目标的情况下。它为数据分析提供了一种灵活而强大的工具，可以在推荐系统、图像处理和自然语言处理等领域发挥作用。通过发现数据的内在结构，无监督学习为揭示未知信息和启发新的研究方向提供了可能。

3. 强化学习

强化学习(reinforcement learning)是一种通过试错学习获得最优策略的机器学习方法。它的核心思想是通过与环境交互，学习一个智能体(agent)如何采取行动以最大化长期奖励。与监督学习和无监督学习不同，强化学习不依赖预先标注的输入输出对，而是通过反馈信号(奖励或惩罚)指导智能体的学习过程。例如，机器人可以通过不断尝试和调整自身行为，学会如何避障并完成任务。

在强化学习中，智能体需要在每一个时间步观察环境状态，并根据当前策略选择动作，随后接收环境的反馈。这个反馈奖励或惩罚的形式，用于衡量当前行为的好坏。智能体通过不断迭代优化策略，以便在未来的情景中做出更优的决策。强化学习特别适用于那些目标明确但环境复杂、规则不完全已知的问题。

强化学习广泛应用于自动驾驶、游戏对战和机器人控制等领域。其独特的优势在于能够处理动态环境和长期规划问题，甚至在面对不确定性时仍能找到接近最优的解决方案。通过不断积累经验和调整策略，强化学习推动了人工智能从被动学习到主动探索的跃升。

3.1.3 机器学习的原理

机器学习是一种基于数据驱动的算法，旨在使计算机系统能够从经验中学习和改进其性能，而无须明确编程。机器学习的原理是通过分析大量数据，自动识别其中的模式和规律，进而生成预测或决策模型。这一过程通常包括数据准备、模型选择、模型的训练与优化、模型评估及部署等关键步骤。

1. 数据准备

机器学习的基础是数据。无论是图像、文本、音频还是数值型数据,数据的质量和数量直接影响机器学习模型的效果。在实际应用中,数据通常需要经过清洗、预处理和特征工程,以确保其适用于模型的训练。其中,数据清洗包括处理缺失值、纠正错误数据、删除重复项等,以确保数据的完整性和准确性。在数据预处理中,常见的操作包括标准化(将数据缩放到同一范围)、归一化(将数据转换为特定的区间)以及类别编码(将类别变量转换为数值)。特征工程是从原始数据中提取有意义的特征,用于增强模型的表现,通常包括特征选择(选择最相关的特征)、特征转换(如通过 PCA 进行降维)和特征生成(创建新的特征)。

2. 模型选择

在数据准备好之后,下一步是选择适合的模型和算法。模型的选择通常取决于任务的类型,如回归、分类、聚类或时间序列预测等。常见的机器学习算法可以分为以下几大类。

(1) 线性模型,如线性回归和逻辑回归,适用于简单的线性关系问题。这类模型的优势在于其解释性强,计算效率高。

(2) 决策树及其集成方法,如决策树、随机森林和梯度提升机(GBM)能够处理非线性关系和高维数据,且具有良好的泛化能力。

(3) 支持向量机(support vector machine,SVM)在处理高维空间中的分类问题时表现良好,尤其适用于小数据集且类别间隔较大的情况。

(4) 神经网络特别是深度学习中的 CNN 和循环神经网络(recurrent neural neural,RNN),在处理复杂的非线性问题(如图像识别和自然语言处理)时表现卓越。

(5) 聚类算法,如 K 均值聚类(K-Means clustering)和层次聚类,用于无监督学习任务,旨在将数据样本分为若干簇,使得簇内样本相似性最大化。

(6) 降维算法(如 PCA),用于减少数据的维度,从而降低计算复杂度,同时保留数据的主要信息。

3. 模型训练与优化

模型训练是机器学习的核心步骤。在训练过程中,模型通过输入数据和相应的标签(用于监督学习)来学习输入与输出之间的关系。模型训练的目标是最小化模型的误差,使模型能够在未见过的数据上表现良好。损失函数用于衡量模型预测与实际标签之间的差距。常见的损失函数包括:均方误差(mean squared error,MSE),用于回归问题;交叉熵,用于分类问题。优化算法的作用是通过调整模型参数来最小化损失函数。梯度下降法是常用的优化算法之一,包括其变种如随机梯度下降(stochastic gradient descent,SGD)和 Adam 优化器。这些算法通过计算损失函数相对于模型参数的梯度来更新参数,从而逐步逼近最优解。过拟合是指模型在训练数据时表现优异,但在测试数据时表现不佳,通常是因为模型过于复杂。欠拟合则是因为模型过于简单,无法捕捉数据中的复杂模式。解决过拟合的方法包括正则化(如 L1、L2 正则化)、早停和数据增强等。

4. 模型评估

训练好的模型需要经过评估，以确保其在实际应用中能够有效工作。模型评估通常基于测试集进行，这些数据在训练过程中未曾使用过。不同的任务有不同的评估指标。对于分类任务，常用的指标有准确率、精确率、召回率、F1 分数等。对于回归任务，常用的指标有 MSE、平均绝对误差(mean absolute error，MAE)和 R^2 评分。对于聚类任务，常用的指标有轮廓系数和聚类纯度等。交叉验证是评估模型泛化性能的常用方法，通过将数据集划分为多个子集，将模型在不同子集上进行训练和测试，从而获得更加可靠的评估结果。常见的交叉验证方法包括 k 折交叉验证和留一法。

5. 模型部署

在模型通过评估后，可以将其部署到生产环境中进行实际应用。模型部署包括将训练好的模型转换为可供应用程序调用的形式，如 RESTAPI、微服务或嵌入式模型。部署后的模型可以实时接收输入数据并进行预测，适用于推荐系统、自动驾驶等需要即时响应的场景。对于一些业务场景，模型可能会在固定时间内批量处理一批数据，并返回结果，如营销策略中的客户细分。随着时间的推移，数据分布可能会发生变化，导致模型性能下降。定期重新训练和更新模型是维持其效果的重要步骤。

尽管机器学习技术已经取得了显著进展，但仍面临诸多挑战。数据偏差可能导致模型在某些群体上表现不佳，进而引发公平性问题。近年来，如何设计和训练公平的机器学习模型成为研究的热点。复杂模型[如深度神经网络(deep neural network，DNN)]通常难以解释其内部决策过程，这在高风险领域(如医疗和金融等)可能成为障碍。可解释性机器学习正致力于揭示黑箱模型的内在逻辑。随着数据隐私问题的日益严重，在保护用户隐私的前提下进行机器学习(如联邦学习)成为研究的重要方向。

未来，机器学习将继续在多个领域发挥重要作用。随着计算能力的提升和算法的不断改进，机器学习将在自动驾驶、医疗诊断、个性化推荐、智能家居等领域带来更多创新与变革。同时，如何应对机器学习带来的社会影响和伦理挑战也将是未来的重要议题。

机器学习通过从数据中自动学习模式，已经成为推动技术创新和社会进步的关键力量。其原理涉及数据处理、模型选择、模型训练与优化、模型评估、模型部署等多个步骤，每个环节都至关重要。随着技术的不断发展，机器学习在各个领域的应用前景将更加广阔，从而推动智能系统的普及与深入发展。

3.2 数据预处理

数据预处理是数据科学和机器学习中的关键步骤，旨在提升数据质量，以确保模型的准确性和稳定性。良好的数据预处理不仅能提高模型性能，还能帮助理解数据的结构和特征。本节将详细探讨数据预处理的相关知识，并通过实际案例进行说明。

3.2.1 机器学习中的数据清洗

数据清洗是机器学习中的基础且至关重要的步骤,其主要目的是确保数据的质量,提升模型的性能和准确性。数据清洗的原理涉及识别和修复数据中的错误、不一致性以及缺陷,通过处理缺失值、异常值和重复数据等问题,使数据集变得更加规范和有效。以下将详细介绍数据清洗的原理以及其在实际应用中的作用。

1. 缺失值处理

缺失值是数据集中常见的问题,可能由数据收集错误、信息丢失或其他原因导致。缺失值的存在可能影响数据分析的结果,甚至使模型无法训练。处理缺失值的常见方法如下。

(1) 删除缺失值。当缺失值占数据总量的比例非常小且不影响分析时,可以直接删除包含缺失值的记录。这种方法简单直接,但在缺失值较多时可能导致数据的丢失。

(2) 插补缺失值。对于数值型数据,常使用均值、中位数或众数进行插补。例如,使用数据的均值填补缺失值可以在一定程度上保留数据的统计特性。在更复杂的场景中,可以使用预测模型(如回归模型)来预测缺失值。对于分类数据,可以使用最频繁的类别来填补缺失值。

(3) 使用模型预测。在一些复杂的情况下,可以通过机器学习模型来预测缺失值。例如,通过建立一个回归模型,利用其他特征来预测缺失的特征值。这样的方法能够充分利用数据中的相关性,提高缺失值填补的准确性。

在金融行业,客户信用评分数据中可能会有缺失的收入信息,通过使用均值插补或者基于相似客户的回归预测,可以填补这些缺失值,从而提高信用评分模型的准确性。

2. 异常值检测

异常值是指数据中明显偏离正常范围的值,异常值可能是数据录入错误或真实的异常现象。异常值检测和处理对于确保数据的质量至关重要。常见的异常值检测方法包括:

(1) 统计方法。通过计算数据的均值和标准差,识别那些远离均值的数据点。比如,使用 1.5 倍标准差规则来确定异常值。这种方法适用于数据分布接近正态分布的情况。

(2) 可视化方法。利用箱形图(box plot)和散点图(scatter plot)来识别异常值。箱形图能够直观地显示数据的分布范围和异常值,散点图则有助于识别多维数据中的离群点。

(3) 基于模型的方法。采用孤立森林(isolation forest)和局部异常因子(local outlier factor,LOF)等算法可以有效检测复杂数据集中的异常值。这些算法通过计算数据点与其他点的距离或密度来发现异常值。

3. 重复数据处理

重复数据是指数据集中出现的重复记录,这些重复记录可能是由多次数据采集、系统错误或其他原因导致的。处理重复数据的常见方法如下。

(1) 删除重复记录。通过比较数据记录的唯一性来删除重复的条目。这种方法可以通过简单的去重操作实现,如在数据库中使用 SQL 的 DISTINCT 关键字。

(2) 合并重复记录。在某些情况下,重复记录可能包含不同的信息。在这种情况下,可以选择合并这些记录，将重复记录中的信息整合到一起。

在电商平台的用户数据中，可能会出现重复的用户注册信息。通过编写去重脚本，可以确保每位用户的记录唯一，从而避免冗余数据影响用户分析和个性化推荐。

4. 数据清洗的应用

数据清洗在各种行业中发挥着重要作用。例如，在市场营销领域，清洗客户数据中的缺失值和异常值，可以确保客户分析和市场预测的准确性；在金融领域，数据清洗可以提高风险评估模型的可靠性，减少由数据质量问题引发的决策错误；在医疗领域，清洗患者数据，可以提高疾病预测和诊断模型的准确性，从而改善医疗服务和患者护理。

总之，数据清洗是确保数据质量的核心环节，涉及处理缺失值、异常值和重复数据等问题。有效的数据清洗不仅能提升数据的准确性，还能优化模型的性能，提高模型的可靠性，为数据驱动的决策提供坚实的基础。在实际应用中，良好的数据清洗方法能够帮助各行各业提升数据分析的效率和结果，为业务决策提供更加精确的依据。

3.2.2 特征选择与特征工程

特征选择与特征工程是机器学习中的关键步骤，旨在提升模型的性能和训练效率。特征选择和特征工程涉及从原始数据中提取和构建最有意义的特征，以增强模型的表现。以下将详细介绍这两个过程的原理及其在实际应用中的重要性。

特征选择的目的是从原始特征集中选出对模型性能最有帮助的特征。有效的特征选择可以提高模型的准确性，减少过拟合，提升计算效率，并使模型更具解释性。特征选择的常见方法如下。

(1) 过滤法(filter method)：通过计算每个特征与目标变量之间的相关性来选择特征。这种方法不依赖具体的学习算法，主要包括统计检验(如卡方检验、皮尔逊相关系数等)和信息论方法(如互信息)。例如，在分类任务中，可以使用卡方检验来评估每个特征与类别标签的独立性，从而筛选出重要特征。

(2) 包裹法(wrapper method)：将特征选择过程作为模型训练的一部分，通过模型性能来评估特征子集的优劣。常见的包裹法是递归特征消除(RFE)。递归特征消除通过逐步移除最不重要的特征，逐步优化模型性能。这种方法计算开销较大，但能够考虑特征之间的交互作用。

(3) 嵌入法(embedded method)：将特征选择过程嵌入模型训练。例如，LASSO回归通过正则化项来选择特征，能够自动执行特征选择并进行特征重要性的排序。这种方法在模型训练的同时进行特征选择，从而提高了效率。

在实际应用中，如在医疗领域，通过特征选择可以识别出与疾病预测最相关的生物标志物，减少冗余信息，提升模型的预测准确性。

3.2.3 数归一体化与标准化

数据归一化与标准化是数据预处理中的重要步骤，旨在将不同量纲的数据转换到统一的尺度，以提高模型的训练效果和收敛速度。

1. 数据归一化

数据归一化是将数据缩放到特定的范围，通常是[0,1]。常见的方法包括最小-最大归一化和线性归一化。

(1) 最小-最大归一化。

最小-最大归一化将特征缩放到[0,1]区间，公式为

$$\frac{x - x_{\min}}{x_{\max} - x_{\min}} \tag{3-1}$$

(2) 线性归一化。

线性归一化是将特征缩放到[-1,1]区间，公式为

$$x' = 2x \frac{x - x_{\min}}{x_{\max} - x_{\text{in}}} - 1 \tag{3-2}$$

式中：x——原始特征值；

$x_{\min}$——该特征值的最小值；

$x_{\max}$——归一化后的特征值。

2. 数据标准化

数据标准化则是将数据转换为均值为 0、标准差为 1 的标准正态分布。常见的方法是 Z-score 标准化，公式为

$$x' = \frac{x - \mu}{\sigma} \tag{3-3}$$

式中：x——原始特征值；

μ——该特征值的均值；

σ——特征的标准差；

x'——标准化后的特征。

数据归一化和标准化在机器学习模型训练中非常重要，尤其是在涉及距离计算的算法[如 k 近邻(k-NN)、支持向量机等]中。例如，在处理图像数据时，标准化像素值可以确保模型的训练过程稳定且高效。

3.2.4 数据集处理

数据集处理包括数据集划分、数据增强和数据平衡。

1. 数据集划分

数据集划分是确保模型训练和评估可靠的重要步骤。通常将数据集划分为训练集、验证集和测试集。

(1) 训练集用于训练模型，即学习数据的模式和规律。训练集的质量和数量直接影响模型的性能。

(2) 验证集用于调整模型的超参数和选择最优模型，通过在验证集上的表现来评估模型的泛化能力，从而优化模型的配置。

(3) 测试集用于最终评估模型的性能。测试集应与训练和验证过程中的数据完全独立，以确保评估结果的客观性和真实性。

例如，在图像分类任务中，可以将数据集按照 8:1:1 的比例划分为训练集、验证集和测试集。这种划分方式可以确保模型在训练过程中得到充分优化，同时通过测试集评估最终的分类性能。

2. 数据增强

数据增强是一种通过对现有数据进行变换和操作来生成新的训练样本的技术。数据增强对于训练深度学习模型尤其重要，因为它可以提升数据的多样性，从而提高模型的泛化能力。常见的数据增强方法包括图像数据增强、文本数据增强和时间序列数据增强。

(1) 图像数据增强对图像进行旋转、缩放、裁剪、翻转、颜色调整等操作，生成具有不同视角和特征的图像，从而提高模型的鲁棒性。

(2) 文本数据增强对文本数据进行同义词替换、数据扩充等操作，通过提升文本数据的多样性，增强模型对不同语言表达方式的适应能力。

(3) 时间序列数据加强对时间序列数据的平滑、扰动等处理，以增强模型对时间变化的敏感性。例如，在人脸识别任务中，通过对图像进行旋转、翻转和亮度调整，可以提升训练数据的多样性，从而提高识别模型的性能。

3. 数据平衡

数据平衡是处理类别不平衡问题的重要技术，尤其在分类任务中，不平衡的数据集可能导致模型偏向多数类，影响分类性能。常见的数据平衡技术包括过采样、欠采样和混合方法。

(1) 过采样通过复制少数类样本或生成合成样本(如 SMOTE)来增加少数类的数量。例如，在医疗诊断中，疾病样本通常较少，而健康样本较多，通过使用 SMOTE 等方法可以有效解决类别不平衡问题，从而提高模型对少数类样本的识别能力。

(2) 欠采样则通过随机删除多数类样本来减少多数类的数量，从而平衡数据集。

(3) 混合方法结合过采样和欠采样，既增加少数类样本，又减少多数类样本，以达到平衡。

总体而言，数据预处理在数据科学和机器学习中扮演着至关重要的角色，它涉及数据清洗、特征选择、数据归一化、数据标准化、数据集划分、数据增强和数据平衡等方面。实施有效的数据预处理策略，可以显著提升数据质量，优化模型性能，为后续的分析和建模奠定坚实的基础。

3.3 监督学习算法

在机器学习中，监督学习算法是一类使用已标注的数据集进行训练的算法。每个训练样本都包含输入特征和对应的目标标签,监督学习算法通过学习这些输入和标签之间的关系来预测新数据的标签。本节介绍一些常见的监督学习算法,如回归算法、分类算法等。

3.3.1 回归算法

1. 线性回归

线性回归(Linear Regression)是机器学习中的一种基本算法,主要用于回归任务。它通过寻找数据中的线性关系来预测连续的数值。其基本思想是根据输入特征(自变量)与目标值(因变量)之间的线性关系,建立数学模型,并通过最小化误差来拟合模型。

用途:用于回归问题,即预测连续数值。

原理:建立输入特征与输出目标之间的线性关系,拟合成一条直线或一个平面,最小化预测值与实际值之间的差距(残差)。

示例:预测房价、股票价格、温度等连续变量。

简单线性回归用于预测一个因变量(目标变量)与一个自变量(特征变量)之间的关系。其模型形式为

$$y = \beta_0 + \beta_1 x + \epsilon \tag{3-4}$$

式中:y——因变量(目标值);

x——自变量(特征值);

β_0——截距(当 $x=0$ 时 y 的值);

β_1——回归系数(自变量 x 对因变量 y 的影响程度);

ϵ——误差项(随机噪声)。

2. 线性回归模型的参数估计

线性回归模型的参数通常通过最小二乘法来估计。最小二乘法的目标是最小化实际值 y 与预测值 $\hat{y}$ 之间的残差平方和,公式为

$$\sum_{i=1}^{n}(y_i - \hat{y}_i)^2 \tag{3-5}$$

式中:$\hat{y}_i$——基于回归模型的预测值。

最小二乘法会给出一组回归系数,$\beta_0, \beta_1, \cdots, \beta_n$ 使得这个残差平方和最小化。

3. 评估线性回归模型

评估线性回归模型的好坏常用以下指标。

(1) R-squared(决定系数):衡量模型对数据的拟合程度。值范围为 0 到 1,其值越高,表示模型解释的变异越多。

(2) MSE:预测值与实际值之间差异的平方的平均值。其值越小,表示模型越好。

(3) 均方根误差:MSE 的平方根。与原始数据的单位相同,更易于解释。

(4) MAE:预测值与实际值之间差异的绝对值的平均值。值越小,表示模型越好。

(5) 假设和限制。线性回归模型有以下几个基本假设。

① 线性关系：因变量和自变量之间存在线性关系。

② 独立性：误差项之间相互独立。

③ 同方差性：所有观测值的误差项具有相同的方差。

④ 正态性：误差项服从正态分布(在小样本情况下尤为重要)。

如果这些假设不满足，线性回归模型的结果可能会偏离实际情况，导致预测不准确。此时可以考虑使用更复杂的模型或进行适当的数据转换。

例 3-1：预测员工的年薪

假设某公司想要预测员工的年薪，已知员工的工作年限和年薪数据(表 3-1)，请根据工作年限预测员工的年薪。

表 3-1 员工的工作年限和年薪数据

工作年限(年)	年薪(万元)
1	40
2	45
3	50
5	60
8	80

1. 定义变量

自变量(特征变量)：工作年限 x。

因变量(目标变量)：年薪 y。

2. 建立线性回归模型

我们希望建立一个线性回归模型：

$$y = \beta_0 + \beta_1 x$$

式中：y——年薪，万元；

x——工作年限，年；

β_0——截距(当工作年限为 0 年时的年薪)；

β_1——回归系数(工作年限对年薪的影响)。

估计回归参数：使用最小二乘法来估计回归系数 β_0 和 β_1。假设经过计算，我们得到的回归方程为

$$y = 35 + 5x$$

这表示每增加一年工作年限，年薪增加 5 万元，而当工作年限为 0 年时，年薪为 35 万元。

3. 预测

假设我们想预测一个有 6 年工作经验的员工的年薪，代入回归方程：

$$y = 35 + 5 \times 6 = 35 + 30 = 65$$

所以，一个有 6 年工作经验的员工的预测年薪是 65 万元。

4. 评估模型

评估模型的效果可以使用以下指标。

(1) R-squared(决定系数)：衡量模型对年薪变异的解释程度。其值越高，表示模型的解释能力越强。

(2) MSE 和 RMSE：评估预测值与实际值之间的差异。其值越小，表示模型越好。

(3) MAE：评估预测误差的绝对值的平均水平。其值越小，表示模型的准确性越高。

这个例子展示了如何使用线性回归模型来根据工作年限预测员工的年薪。线性回归在这种情况下能够帮助我们理解工作年限对年薪的影响，并进行未来年薪的预测。这种方法在现实世界中常用于薪资管理、市场预测等场景。

3.3.2 分类算法

1. 逻辑回归

逻辑回归(logistic regression)是一种广泛使用的分类算法，尽管名字中包含"回归"一词，但它实际上主要用于分类问题。逻辑回归旨在预测某一类标签的概率，并通过构建一个回归模型来完成这一任务。以下是关于逻辑回归的详细介绍。

(1) 逻辑回归概述。逻辑回归是处理二分类问题的经典方法，虽然它可以扩展到多分类问题。其核心思想是通过一个逻辑函数(也称为 Sigmoid 函数或 Logistic 函数)将线性回归模型的输出转换为一个介于 0 和 1 之间的概率值，从而实现分类。

(2) 数学模型。逻辑回归模型的形式为

$$P(Y=1|X) = \frac{1}{1+e^{-(\beta_0+\beta_1 X_1+\beta_2 X_2+\ldots+\beta_n X_n)}} \tag{3-6}$$

式中：$P(Y=1|X)$——给定特征 X 时，目标变量 Y 等于 1 的概率；

β_0——截距项；

$\beta_0, \beta_2, \cdots, \beta_n$——特征的系数(weights)；

$X_1, X_2, \cdots, X_n$——特征变量；

e——自然对数的底数，约等于 2.71828。

(3) 决策树。决策树是一种广泛使用的机器学习算法，适用于分类和回归任务。决策树通过树状结构将数据从根节点逐步划分到叶节点，实现决策过程。每个内部节点表示对特征的测试，每个分支代表测试结果，每个叶节点则对应一个类别标签或预测值。决策树的构建过程包括选择最佳特征来划分数据集。常用的准则有信息增益、基尼指数和方差减少。其中，信息增益用于 ID3 算法，衡量特征带来的信息量增加；基尼指数用于 CART 算法，反映数据的不纯度；方差减少用于回归树，衡量分裂后的方差减少量。

决策树的优点在于其模型结构直观，易于理解，且能够处理非线性数据和缺失值。决策树的缺点是容易过拟合训练数据，特别是当树的深度过大时，并且对数据的小变化敏感。为了减少过拟合，可以通过剪枝技术来简化树结构。剪枝包括预剪枝(设置停止条件防止树过深)和后剪枝(先构建完整树，然后逐步剪除一些分支)。

此外，决策树的扩展方法有随机森林等，通过集成多个决策树或迭代训练可以进一步提高模型性能。

总的来说，决策树是一种直观且强大的算法，能够处理复杂的决策问题，同时通过剪枝和集成方法可以提高其性能和稳定性。

2. 支持向量机

支持向量机是一种强大的分类和回归算法，主要用于二分类问题。支持向量机的核心思想是通过构建一个或多个超平面，在特征空间中将不同类别的数据点分开。其目标是找到一个能够最大化类别间隔(margin)的超平面，以实现最佳的分类效果。最大化类别间隔的超平面具有良好的泛化能力，即在未见数据上也能表现出较高的分类精度。

在处理非线性数据时，支持向量机使用核函数(kernel function)将数据映射到更高维的特征空间，从而在新的空间中找到一个线性可分的超平面。常见的核函数包括多项式核、径向基核(RBF)和Sigmoid核。通过核技巧，支持向量机能够有效处理复杂的非线性分类问题，而无须显式地计算高维空间中的数据。

支持向量机的模型训练过程涉及求解一个凸优化问题，通常使用拉格朗日乘子法和KKT条件来实现。为了防止过拟合，支持向量机还引入了正则化参数C，控制分类器对训练数据的误差容忍度。支持向量机不仅在分类任务中表现优异，还可用于回归问题，称为支持向量回归(SVR)，通过类似的方法来预测连续值。总体而言，支持向量机因其高效的分类性能和灵活的核方法，在许多应用领域广泛使用。

3. 随机森林

随机森林(random forest)是一种强大的集成学习算法，用于分类和回归任务。它由多个决策树组成，通过将这些树的预测结果进行集成来提高整体模型的性能和稳定性。随机森林的核心思想是通过训练多个决策树，并通过投票(分类)或平均(回归)来决定最终的预测结果。每棵树在训练过程中使用了随机选择的特征子集和训练样本的随机子集，这种方法有效地减少了过拟合的风险，并增强了模型的泛化能力。

在构建每棵决策树时，随机森林采用了两个主要的随机技术：①通过bootstrap采样(也称为自助采样)，从原始数据集中随机抽取样本，以创建不同的训练子集；②在每个节点的分裂过程中，随机选择特征的子集进行测试，而不是使用所有特征。这种特征的随机选择提升了树的多样性，从而提高了模型的鲁棒性和准确性。

随机森林的优点包括强大的分类性能、对数据噪声和缺失值的鲁棒性以及较少的超参数调节需求。随机森林的缺点包括：模型较为复杂，训练和预测时间较长，且由于集成了大量决策树，模型的解释性较差。尽管如此，随机森林在许多实际应用中(如在金融风控、医学诊断和图像识别等领域)都展示了其卓越的性能和广泛的适用性。

3.4 非监督学习算法

非监督学习算法是机器学习中的一种重要方法，旨在从未标注的数据集中发现潜在的模式和结构。与监督学习不同，非监督学习不依赖预先定义的标签或输出，因此在面对大量未标注数据时尤为有用。非监督学习算法能够自动识别数据中的群体、关联性、主成分等特征，从而在数据聚类、降维、特征学习等领域发挥重要作用。

3.4.1 聚类算法

1. K 均值聚类算法

K 均值聚类是广泛应用的非监督学习算法之一。它将数据集划分为 K 个簇，并通过迭代优化簇的中心点(质心)来最小化簇内数据点的距离平方和。算法从随机选择 K 个初始质心开始，接着将每个数据点分配到最近的质心所属的簇中。随后，更新每个簇的质心位置，使其等于簇内所有点的平均值。这一过程不断重复，直到质心不再发生变化为止。K 均值算法的优点在于其计算效率高且实现简单；K 均值算法的缺点则在于对初始质心敏感，容易陷入局部最优解。此外，K 的选择也需要依赖先验知识或通过交叉验证等方法来确定。

2. 层次聚类

层次聚类(hierarchical clustering)提供了一种通过构建树状层次结构(树状图)来对数据进行聚类的方式。层次聚类分为凝聚层次聚类和分裂层次聚类两种类型。凝聚层次聚类以每个数据点为一个独立簇，从独立簇开始，逐步将最近的簇合并，直至所有点形成一个整体簇。相反，分裂层次聚类则从整体开始，逐步将数据分裂成更小的簇，直到每个数据点独立成簇为止。层次聚类的一个显著优势在于它不需要预先指定聚类数量，可以生成不同层次的聚类，从而帮助理解数据的多级结构。然而，层次聚类的计算复杂度较高，特别是在处理大规模数据时会显得效率低下。此外，层次聚类对噪声和离群点较为敏感，这可能会影响最终的聚类结果。

3. DBSCAN 算法

在处理含有噪声或具有复杂结构的数据时，DBSCAN(density-based spatial clustering of applications with Noise)提供了一种基于密度的聚类方法。与 K 均值聚类不同，DBSCAN 不需要预先指定簇的数量，而是通过考查数据点的密度来确定簇。具体来说，DBSCAN 通过检查以每个数据点为中心的邻域内是否包含足够多的点来定义簇的边界。如果某个点的邻域内点的数量超过了预定的阈值，则该点被归类为核心点，属于某个簇的一部分。DBSCAN 可以识别任意形状的簇，并有效处理噪声点，这使得它在地理信息系统、图像处理等领域得到了广泛应用。然而，DBSCAN 在高维空间中效果较差，并且参数的选择对算法的性能有较大影响。

3.4.2 降维算法

随着数据维度的增加，计算复杂度和存储需求也会随之增加，这就引出了降维技术。PCA 是一种经典的线性降维方法，广泛用于数据预处理和特征提取。PCA 通过对数据的协方差矩阵进行特征值分解，找到数据方差最大的方向，并将数据投影到这些方向上，从而实现维度的减少。PCA 的主要优点：能够保留数据中最大的信息量，同时降低数据的维度，从而减轻计算负担。然而，由于 PCA 假设数据具有线性关系，因此在处理高度非线性的数据时效果不佳。此外，PCA 对噪声也较为敏感，噪声可能会被作为主成分，从而影响结果的准确性。

与 PCA 类似，独立成分分析(independent component analysis，ICA)是一种用于数据降维的技术，但与 PCA 不同，ICA 假设数据由若干独立的非高斯源信号线性混合而成。通过最大化数据的非高斯性，ICA 能够将混合信号分离成独立成分。ICA 在语音信号处理、脑电图分析等领域表现尤为突出，因为它能够有效地从混合信号中提取出独立的源信号。ICA 对噪声较为敏感，算法复杂度较高，因此在处理大规模数据时需要较多的计算资源。

3.4.3 基于神经网络的非监督学习

基于神经网络的非监督学习是机器学习领域的一种重要方法，它不依赖标签化的数据，而是从未标记的数据中自动发现结构和模式。这种学习方式在数据探索、特征提取和生成建模等方面具有广泛的应用。

自编码器是非监督学习中一种常见的神经网络结构，旨在学习数据的低维表示。自编码器由编码器和解码器两个部分组成。编码器将输入数据压缩低维潜在空间的表示，而解码器则从这些低维表示中重建原始数据。通过最小化重建误差，自编码器能够捕捉数据中的重要特征，从而进行数据降维、去噪和特征提取等任务。例如，基于自编码器的去噪，自编码器可以有效地去除图像中的噪声，提升图像质量。

GAN 是一种通过对抗训练实现数据生成的神经网络架构。GAN 由两个神经网络组成——生成器和判别器。生成器负责生成尽可能真实的样本，而判别器则评估这些样本的真实性。生成器和判别器通过相互博弈的方式进行优化，最终使生成器能够创造出高质量的合成数据。GAN 在图像生成、数据增强和样本合成等领域表现优异。例如，DeepArt 利用 GAN 将照片转换为艺术风格图像，展示了 GAN 在视觉艺术中的潜力。

变分自编码器(variational autoencoders，VAE)是一种结合了自编码器和概率生成模型优点的生成模型。VAE 通过优化变分下界来进行无监督学习，它在潜在空间中建模数据的概率分布，并生成与之相似的新样本。VAE 能够生成高度逼真的图像，并在数据合成和异常检测中表现出色。例如，VAE 被应用于生成新药分子和生物数据模拟，有效地推动了药物研发和生物研究的进展。

聚类是一种将数据划分为若干组的非监督学习方法，其中组内的数据点相似度较高，组间的数据点相似度较低。常用的聚类算法包括 K 均值聚类和层次聚类等。K 均值聚类算法通过将数据点分配到预设数量的簇中来最小化簇内点的距离总和；而层次聚类则通过构建数据的层次结构树来进行聚类分析。聚类技术广泛应用于市场细分、图像分割和文档分类等领域。例如，K 均值聚类可用于客户细分，帮助企业根据客户行为制定个性化营销策略。

基于神经网络的非监督学习在多个领域展示了其强大的能力和广泛的应用潜力。自编码器、GAN 和 VAEs 等技术不仅在理论研究中具有重要意义，而且在实际应用中发挥了显著作用。这些方法通过从大量未标记的数据中提取有价值的信息，推动了数据分析、生成建模和特征提取等领域的进步。

3.4.4 关联规则学习

关联规则学习是数据挖掘中的一种重要技术，旨在从大量数据中发现项集之间的关系。它广泛应用于市场篮子分析、推荐系统和其他领域，帮助企业洞察消费者行为并优化决策。关联规则学习主要涉及发现项集之间的有趣关系，通常以"如果……那么……"的形式表示，从而揭示数据中的潜在模式和规律。

1. 关联规则学习的基本概念

关联规则学习的基本概念包括支持度、置信度和提升度。支持度指的是某一规则在所有交易中出现的频率，反映了规则的普遍性。置信度则衡量了规则的可靠性，即在满足前提条件的情况下，规则的结论发生的概率。提升度是一个综合指标，用于衡量规则的强度，计算方式是置信度与前提条件和结论的独立概率之比。如果提升度大于1，说明前提条件和结论之间存在正相关关系。

在实际应用中，关联规则学习通常使用 Apriori 算法来挖掘频繁项集并生成关联规则。Apriori 算法基于"先验知识"原则，即一个项集是频繁的，前提是它的所有子集也是频繁的。该算法首先生成所有频繁的单项集，然后通过递归方式生成频繁的二项集、三项集等，直到无法找到更多的频繁项集为止。接着，利用这些频繁项集生成满足最小置信度要求的关联规则。Apriori 算法在处理大规模数据集时可能会受到计算复杂度的限制，因此，在实际应用中常常需要结合优化技术来提升效率。

2. 关联规则学习的应用

关联规则学习的一个经典应用是市场篮子分析。在超市中，市场篮子分析用于了解消费者购买商品的习惯。例如，通过分析购物数据，可以发现"购买牛奶的人通常也会购买面包"的规则。这样的信息可以帮助商家进行促销活动的设计，如将牛奶和面包捆绑销售，以提高销售额。此外，商家还可以根据这些规则进行货架布局优化，将相关产品放置在一起，提升顾客的购买体验和销售机会。

另一个应用案例是推荐系统。在电子商务平台和流媒体服务中，推荐系统利用关联规则来分析用户的购买或观看历史，从而生成个性化的推荐。例如，亚马逊的推荐系统通过分析用户的购买记录，发现用户购买了某些商品后，可能会对其他相关商品感兴趣。这些关联规则被用来向用户推荐他们可能感兴趣的商品，提升用户的满意度和平台的销售额。

在健康领域，关联规则学习也发挥了重要作用。例如，通过分析患者的医疗记录和症状数据，研究人员可以发现某些症状与特定疾病之间的关联。这些规则可以帮助医生进行早期诊断和治疗决策。例如，发现"高血糖患者更可能同时患有高血压"的规则，有助于提高对综合征的预警能力和治疗效果。

此外，关联规则学习在金融领域也得到了应用。例如，银行可以利用关联规则分析客户的交易行为，识别潜在的信用卡欺诈活动。通过发现异常交易模式和关联规则，银行能够提前检测和防止可能的欺诈行为，从而保护客户资产和提高安全性。

总的来说，关联规则学习作为一种强大的数据挖掘技术，通过揭示数据中的潜在关系和模式，为各行各业提供了有价值的洞察。无论是在市场篮子分析、推荐系统、健康数据分析中，还是在金融欺诈检测中，关联规则学习都展示了其广泛的应用潜力和实际价值。随着数据规模的不断扩大和技术的不断进步，关联规则学习将在更多领域发挥重要作用，推动数据驱动决策的创新和发展。

实训 3-1　用决策树算法构建鸢尾花分类模型

1. 实训目标

（1）通过鸢尾花数据集的部分样本训练构造决策树模型。
（2）调用构建好的决策树模型对测试集样本进行预测，并求出测试精度。

2. 实训环境

（1）使用 3.8.5 版本的 Python。
（2）使用 jupyternotebook 作为代码编辑器。
（3）sklearn。

3. 实训内容

（1）导入相应库。
（2）导入数据。
（3）数据拆分。
（4）模型训练。
（5）模型测试及性能评估

4. 实训步骤

（1）导入相应库。调用 sklearn.tree 模块中的决策树分类器去实现决策树算法，并导入数据拆分函数，为后续数据处理做准备，如代码 3-1 所示。

代码 3-1　导入相应库

```
In[1]:    fromsklearn.treeimportDecisionTreeClassifier
          fromsklearn.model_selectionimporttrain_test_split
```

（2）导入数据。导入 sklearn.datasets 模块中的 iris 数据集，并查看数据前 5 行，如代码 3-2 所示。

代码 3-2　导入数据

```
In[2]:    fromsklearn.datasetsimportload_iris
          iris=load_iris()# 鸢尾花数据
          data=iris.data# 样本自变量
          target=iris.target# 样本目标变量
          data[:5]# 查看前 5 个样本的自变量

Out[2]:   array([[5.1,3.5,1.4,0.2],
```

```
                [4.9,3.,1.4,0.2],
                [4.7,3.2,1.3,0.2],
                [4.6,3.1,1.5,0.2],
                [5.,3.6,1.4,0.2]])
```

In[3]:   target[:5]# 查看前 5 个样本的目标变量

Out[3]: array([0,0,0,0,0])

(3) 数据拆分。将 iris 数据分成训练集和测试集，如代码 3-3 所示。

代码 3-3　数据拆分

In[4]:   data_tr,data_te,target_tr,target_te=train_test_split(data,target,test_size=0.2,random_state=10)

(4) 模型训练。将训练集样本的自变量和目标变量放入模型的 fit 方法进行模型训练，如代码 3-4 所示。

代码 3-4　模型训练

```
In[5]:   model=DecisionTreeClassifier(random_state=5).fit(data_tr,target_tr)# 模型训练
         # DecisionTreeClassifier()中各参数解释：
         # criterion="gini":特征选择依据，默认为基尼系数
         # splitter="best":创建决策树分枝的选项，默认以最优的分枝创建为原则
         # max_depth=None:决策树的最大深度
         # min_samples_split=2:最少样本个数，决定中间节点是否继续往下划分的标准
         # random_state=None:随机种子
         # min_impurity_split=1e-7:信息增益的阈值，必须大于阈值才能创建分枝
```

(5) 模型测试及性能评估。将测试集样本自变量放入训练好的模型进行类别预测，并对比样本实际类别，求模型精度，如代码 3-5 所示。

代码 3-5　模型测试及性能评估

```
In[6]:   pre=model.predict(data_te)# 模型预测
         pre

Out[6]:  array([1,2,0,1,0,1,1,1,0,1,1,2,1,0,0,2,1,0,0,0,2,2,
         2,0,1,0,1,1,1,2])

In[7]:   score=model.score(data_te,target_te)# 模型测试精度
         score

Out[7]:  1.0
```

实训 3-2　完成波士顿房价预测模型

1. 实训目标

(1) 利用波士顿房价数据构建线性回归模型。
(2) 可视化比较模型预测值与样本实际值间的差异。

2. 实训环境

(1) 使用 3.8.5 版本的 Python。

(2) 使用 jupyternotebook 作为代码编辑器。

(3) sklearn、matplotlib。

3. 实训内容

(1) 导入波士顿数据集及相应库。

(2) 构建线性回归模型。

(3) 模型预测。

(4) 预测值与实际值对比及可视化。

4. 实训步骤

(1) 导入波士顿数据集及相应库。导入 sklearn.datasets 模块中内置的波士顿房价数据集，同时导入构建模型、绘图所需的模块，如代码 3-6 所示。

代码 3-6　导入波士顿数据集及相应库

```
In[1]:  fromsklearn.datasetsimportload_boston# 导入波士顿房价数据集
        fromsklearn.linear_modelimportLinearRegression# 导入线性回归模型
        importmatplotlib.pyplotasplt# 导入绘图库
        boston=load_boston()# 波士顿房价数据
```

(2) 构建线性回归模型。以数据集中的房间数(第六列)作为自变量，将数据放入模型进行训练(注意：fit 方法中 X 参数的维度)，如代码 3-7 所示。

代码 3-7　构建线性回归模型

```
In[2]:  clf=LinearRegression()# 调用线性模型
        clf.fit(boston.data[:,5:6],boston.target)# 放入数据进行训练
```

(3) 模型预测。利用训练好的模型，以房价数作为自变量预测房子价格，如代码 3-8 所示。

代码 3-8　模型预测

```
In[3]:  pre=clf.predict(boston.data[:,5:6])# 模型预测
        pre.shape# 查看预测结果形状
```

Out[3]:　(506,)

(4) 预测值与实际值对比及可视化。对比模型预测值与样本实际值，并将结果可视化，直观感受模型性能，如代码 3-9 所示。

代码 3-9　预测值与实际值对比及可视化

```
In[4]:  plt.scatter(boston.data[:,5],boston.target)# 散点图，表示实际值
        plt.plot(boston.data[:,5],pre,color='r')# 折线图，线性拟合结果
        plt.show()# 其中 x 轴表示房间数，y 轴表示房价
```

Out[4]:

实训 3-3　对鸢尾花数据进行 K 均值聚类

1. 实训目标
(1) 掌握 K 均值算法的核心流程。
(2) 掌握 K 均值算法核心步骤的 Python 实现。
(3) 理解无监督学习与有监督学习间的差异。

2. 实训环境
(1) 使用 3.8.5 版本的 Python。
(2) 使用 jupyternotebook 作为代码编辑器。
(3) numpy、sklearn。

3. 实训内容
(1) 导入数据和相关包。
(2) 选中心。
(3) 求距离和归类。
(4) 求新类中心。
(5) 判定是否结束。
(6) 封装。

4. 实训步骤
(1) 导入数据和相关包。导入数据和相关包，如代码 3-10 所示。

代码 3-10　导入数据和相关包

```
In[1]:    importnumpyasnp
          fromsklearn.datasetsimportload_iris
          iris=load_iris()
          data=iris.data
          defdist(x,y):#欧式距离公式
          return(sum((x-y)**2))**0.5
```

(2) 选中心。选中心如代码 3-11 所示。

代码 3-11　选中心

```
In[2]:    k=3# 聚为 3 类
          n,m=data.shape# 数据维度
          centers=data[:k,:]# 选取前 k 个样本作为初始聚类中心求距离
```

(3) 求距离和归类。求各个样本到每个类中心的距离，并根据距离对每个样本进行归类，并将结果保存，如代码 3-12 所示。

代码 3-12　求距离和归类

```
In[3]:    dis=np.zeros([n,k+1])# 构建存放聚类结果的数据框架
          foriinrange(n):
```

```
          forjinrange(k):
          dis[i,j]=dist(data[i,:],centers[j,:])# 2.求距离:求各样本至各类中心的距离
          dis[i,k]=np.argmin(dis[i,:k])# 3.归类:将每个样本归类为最近的类中心
```

(4) 求新类中心。将各类中所有样本均值作为新类中心,如代码 3-13 所示。

代码 3-13　求新类中心

```
In[4]:    centers_new=np.zeros([k,m])
          foriinrange(k):
          index=dis[:,k]==i
          centers_new[i,:]=np.mean(data[index,:],axis=0)
```

(5) 判定是否结束。若类中心不再发生变化或达到迭代次数,算法结束(此步单独执行会报错,封装后执行正常),如代码 3-14 所示。

代码 3-14　判定是否结束

```
In[5]:    ifnp.all(centers==centers_new)==True:
          break
          centers=centers_new
          # 更新类中心
```

(6) 封装。将整个算法流程跑起来,并将其封装成 K_means 函数,如代码 3-15 所示。

代码 3-15　封装

```
In[6]:    defdist(x,y):# 欧式距离公式
          return(sum((x-y)**2))**0.5
          defK_means(data=iris.data,k=3,maxiter=100):
          '''
          K-Means 算法过程
          :paramdata:待聚类样本
          :paramIter:迭代次数
          :return:聚类结果,各类中心
          '''
          n,m=data.shape
          dis=np.zeros([n,k+1])
          # 构建存放聚类结果的数据框架
          # 1.选中心:选取前 k 个样本作为初始聚类中心
          centers=data[:k,:]
          Iter=0
          whileIter<maxiter:
          # 2.求距离:求各样本至各类中心的距离
          foriinrange(n):
          forjinrange(k):
          dis[i,j]=dist(data[i,:],centers[j,:])
          # 3.归类:将每个样本归类为最近的类中心
          dis[i,k]=np.argmin(dis[i,:k])
          # 4.求新类中心:将各类中所有样本均值作为新类中心
          centers_new=np.zeros([k,m])
          foriinrange(k):
```

```
            index=dis[:,k]==i
            centers_new[i,:]=np.mean(data[index,:],axis=0)
        # 5.判定结束：若类中心不再发生变化或达到迭代次数则算法结束
        ifnp.all(centers==centers_new)==True:
            break
        centers=centers_new# 更新类中心
        Iter+=1# 迭代次数加 1
    returndis

res=K_means()
res[:5]
```

Out[6]:　array([[5.03132789,3.41251117,0.14135063,2.],
　　　　　　　[5.08750645,3.38963991,0.44763825,2.],
　　　　　　　[5.25229169,3.56011415,0.4171091,2.],
　　　　　　　[5.12704282,3.412319,0.52533799,2.],
　　　　　　　[5.07638109,3.4603117,0.18862662,2.]])

3.5 本章小结

　　本章详细探讨了机器学习的几个关键步骤和方法。
　　首先，我们深入研究了数据预处理的重要性和方法。数据预处理是保证机器学习模型性能的基础步骤。数据清洗、特征选择、数据归一化、数据标准化、数据集划分、数据增强和数据平衡等技术能够有效提高数据质量和模型性能。例如，通过数据清洗，我们可以处理数据中的缺失值、异常值和重复数据，确保数据的准确性和完整性。特征选择则帮助我们筛选出对模型有重要影响的变量，降低计算复杂度，同时提高模型的精度。数据归一化和标准化是数据预处理中另一个重要的环节。在涉及距离计算的算法中(如 K-近邻和支持向量机)，数据归一化和标准化可以防止某些特征对结果产生过大的影响，从而提高模型的稳定性和效率。数据集划分则通过将数据分为训练集、验证集和测试集，确保模型的训练、优化和评估过程科学合理。在数据集划分的基础上，数据增强技术通过生成新的训练样本，提升数据的多样性，从而提升模型的泛化能力。尤其在深度学习领域，数据增强能够显著提高模型的鲁棒性。数据平衡技术则通过调整类别比例，解决分类任务中数据不平衡的问题，确保模型对少数类样本有足够的识别能力。
　　其次，我们讨论了几种常见的监督学习算法。监督学习是一种使用标注数据进行模型训练的方法，通过学习输入特征与目标标签之间的关系，预测新数据的标签。常见的监督学习算法包括线性回归、决策树、支持向量机和神经网络等。每种算法都有其特定的应用场景和优缺点。例如，线性回归适用于解决回归问题，通过拟合一条最佳直线来最小化预测值与实际值之间的误差；而决策树则通过一系列的决策规则，将数据划分为不同的类别。
　　在模型训练过程中，损失函数和优化算法是影响模型性能的两个关键因素。损失函数用于衡量模型预测与实际结果之间的差距,而优化算法则通过调整模型参数来最小化损失函数。常用的损失函数包括 MSE 和交叉熵、常用的优化算法则包括梯度下降法及其变种,如 SGD 和 Adam 优化器。然而,模型在训练过程中可能会遇到过拟合或欠拟合的问题。过拟合是指模型在训练数据时表现优异,但在测试数据时表现不佳,通常由于模型过于复杂。解决这一问题的方法包括正则化、早停和数据增强等。

在完成模型训练后,模型评估至关重要。模型评估的目的是确保模型在实际应用中能够有效工作。不同的任务有不同的评估指标。例如,对于分类任务,常用的评估指标包括准确率、精确率、召回率和 F1 分数;对于回归任务,常用指标有 MSE、MAE 和 R^2 评分。交叉验证是一种常用的评估模型泛化性能的方法,通过将数据集划分为多个子集,将模型在不同子集上进行训练和测试,从而获得更加可靠的评估结果。

最后,随着计算能力的提升和算法的不断改进,机器学习在多个领域的应用前景将更加广阔。未来,机器学习将继续在自动驾驶、医疗诊断、个性化推荐和智能家居等方面带来更多创新与变革。然而,机器学习的发展也伴随着一系列社会影响和伦理挑战,这些问题将在未来成为研究的重要课题。

总的来说,本章提供了全面的机器学习入门知识,涵盖了从数据预处理到模型训练与评估的关键环节,并展望了机器学习未来的发展趋势。通过掌握这些知识,读者能够更好地理解和应用机器学习技术,推动智能系统的普及与深入发展。

3.6 本章习题

一、单项选择题

1. 监督学习中的常见算法不包括以下哪一项?(　　)
   A. 线性回归　　B. 决策树　　C. K 均值聚类　　D. 支持向量机
2. 以下哪种方法属于无监督学习?(　　)
   A. 决策树　　B. 随机森林　　C. 聚类分析　　D. 线性回归
3. 在机器学习中,数据预处理的主要目标是什么?(　　)
   A. 扩大数据集的规模　　　　B. 提升数据质量
   C. 减少模型训练时间　　　　D. 增强模型的复杂性
4. 下列哪种方法通常用于处理数据集中的缺失值?(　　)
   A. 删除缺失值　　　　　　　B. 添加噪声
   C. 特征选择　　　　　　　　D. 数据集划分
5. 以下哪种技术不属于数据增强的方法?(　　)
   A. 旋转图像　　　　　　　　B. 文本同义词替换
   C. 数据平衡　　　　　　　　D. 插入噪声

二、判断题

1. 线性回归是一种常见的无监督学习算法。（   ）
2. 数据清洗的目的是通过删除和修复数据中的错误来提高数据质量。（   ）
3. 强化学习是通过已标注的数据进行训练的一种机器学习方法。（   ）
4. 特征选择是在模型训练前选择对模型预测最有用的特征。（   ）
5. 数据增强的主要目的是生成新的数据，以平衡数据集。（   ）

三、填空题

1. 机器学习中的_____是通过与环境的交互来不断学习并优化决策的算法。
2. 在监督学习中，模型通过_____的数据进行训练，学会将输入映射到正确的输出。
3. _____是用于减少高维数据复杂性的降维算法。
4. 数据预处理通常包括数据清洗、_____、数据增强和数据平衡等步骤。
5. 支持向量机在处理_____空间中的分类问题方面表现良好。

四、简答题

1. 简述数据预处理的重要性以及常用的预处理方法。
2. 监督学习和无监督学习的主要区别是什么？请举例说明。
3. 什么是数据增强？
4. 在机器学习中，数据增强有哪些优势？

第4章 神经网络

在探索人工智能的边界与深度时，我们不可避免地会遇到两个关键概念：神经网络与深度学习。神经网络作为机器学习的一种基础模型，其结构灵感来源于人脑的神经元系统。神经网络由节点和连接权重构成，能够处理从简单的分类、回归到复杂的聚类问题。这个模型包括输入层、隐藏层及输出层，并通过一系列步骤——前向传播、损失计算、反向传播和权重更新——进行学习，以实现对数据的高效处理。

当我们提及深度学习时，实际上我们正在讨论神经网络的高级应用。这一层次的技术运用深层的神经网络结构来完成更为复杂的任务，如图像识别、语音处理和自然语言处理等。深度学习之所以强大，原因在于其在自动特征学习和表示学习方面的能力，它能够自动从原始数据中提取出有用的特征，从而捕捉数据中的复杂模式。

深度学习的核心优势在于其特征学习能力。它不依赖人工设计的特征选择，而是可以直接从海量的数据中学习到这些特征。当然，这样的学习过程需要大量的数据和强大的计算资源支持。随着技术的进步，深度学习已经成为现代人工智能研究的核心技术之一，不断推动着新算法和应用的发展。

在技术层面，深度学习包括但不限于反向传播算法(backpropagation)、自编码器、CNN、RNN、GAN 等关键技术。这些技术成就了深度学习在多个领域的广泛应用，包括但不限于计算机视觉、语音识别、自然语言处理和推荐系统等。随着研究的深入和技术的不断完善，深度学习在这些领域取得了显著的成果，并将持续展现出其强大的发展潜能。

本章将介绍神经网络与深度学习的基础知识、关键技术以及其丰富的应用场景。通过本章的学习，读者将获得对这一领域基本原理的有关理解，以及对其未来发展趋势的独到洞察。

4.1 神经网络简介

神经网络是一种计算模型，其灵感来源于人脑中神经元的工作原理。这种模型由大量的神经元(节点)构成，这些神经元通过连接(权重)进行信息传递。神经网络在机器学习领域有着广泛的应用，可用于解决分类、回归、聚类等多种问题。

具体来说，神经网络是一种受到人脑神经元工作方式启发的计算模型。人脑由大约 860 亿个神经元组成，这些神经元通过数万亿个突触相互连接。每个神经元可以接收来自其他神经元的信号，并通过加权的方式决定是否将信号传递到下一个神经元。这个过程在神经网络中被模拟出来，形成了网络中的连接(权重)。

神经网络通常由多个层次组成，包括输入层、隐藏层(可能有多个)和输出层。每一层的神经元都与前一层的所有神经元相连，并基于前一层的输出计算自己的输出。这种层次结构使得神经网络能够学习数据的多层次抽象表示。

在神经网络中，信息传递的过程如下。

(1) 前向传播：数据从输入层进入神经网络，通过神经网络内部的层次结构逐层传递。在每一层，每个神经元都会根据其接收到的所有输入(可能还包括某些偏置项)来计算一个输出值。这个输出值通常是通过一个激活函数[如阶跃函数、Sigmoid 函数或 ReLU(Rectified Linear Unit)函数]来限制的，以确保输出值不会无限大或无限小。

(2) 损失计算：在输出层，神经网络产生最终的预测结果。这些预测结果与真实的目标值(如果有的话)之间的差异被称为损失或误差。损失函数用于量化预测的准确性。常见的损失函数有 MSE、交叉熵误差等。

(3) 反向传播：为了优化神经网络的性能，需要根据损失计算梯度(损失对每个权重的偏导数)，并通过反向传播算法从输出层开始逐层向前传播这些梯度。在反向传播过程中，每个权重的梯度是根据它对损失的贡献来计算的，这允许我们了解如何调整权重来减少损失。

(4) 权重更新：使用梯度下降或其他优化算法(如 Adam、RMSprop 等)，根据计算出的梯度来更新权重和/(或)偏置，以便在未来的迭代中减少损失。这是一个迭代过程，可能需要多次迭代才能找到最优或近似最优的参数组合。

(5) 正则化：为了防止过拟合，可能会在损失函数中加入正则化项(如 L1、L2 正则化)，或者使用 Dropout 技术来随机关闭一些神经元，迫使神经网络依赖更多的神经元进行学习。

神经网络可以应用于多种机器学习问题，包括分类(将样本分配给两个或多个类别)、回归(预测一个连续值)和聚类(将样本分组为多个类别)。每种问题类型都需要定义合适的损失函数和优化策略来实现特定的任务。例如，在分类问题中，通常会使用 softmax 激活函数来输出每个类别的概率分布，然后选择概率最高的类别作为预测结果；而在回归问题中，神经网络的最后一层通常只有一个输出节点，直接输出预测值。

4.2 深度学习

深度学习作为机器学习领域的一个关键分支，其核心目标是通过构建和训练多层的神经网络来模拟人类大脑的学习机制。这种技术使得计算机能够自动地从大量数据中提取复杂的特征，并进行有效的决策。深度学习在许多领域(如图像识别、语音识别和自然语言处理等)都取得了显著的进展。

4.2.1 深度学习的发展

深度学习这一领域的起源可以追溯到 20 世纪 40 年代，当时科学家们开始探索人工神经网络的基本概念。随着时间的推移，深度学习经历了多个重要的发展阶段。在 20 世纪 80 年代，反向传播算法的提出极大地推动了神经网络的研究。进入 21 世纪，随着计算能力的大幅提升和大数据的普及，深度学习迎来了爆发式的发展。特别是 CNN 和 RNN 等新型网络结构的出现，使得深度学习在图像和语音识别等任务上取得了突破性的进展。如今，深度学习已经成为推动人工智能发展的核心力量之一。

1. 起源与早期发展

在 20 世纪 40 年代，当时一群科学家开始致力于研究如何通过构建数学模型来模拟人类大脑的工作原理。在这一早期阶段，神经网络的初步形态开始逐渐显现，如感知机(perceptron)和多层感知器(multilayer perceptron, MLP)等模型被相继提出。这些模型在当时主要用于执行一些基础的分类和回归任务，尽管它们的功能和复杂度与今天的深度学习模型相比显得相对简单，但正是这些早期的探索和尝试，为后来深度学习的蓬勃发展奠定了坚实的基础。

2. 关键技术与算法

深度学习的核心技术涵盖了多种先进的算法和模型，其中包括反向传播算法、自编码器、CNN、RNN 以及 GAN 等。这些关键技术的不断发展和完善，使得深度学习模型能够有效地处理更加复杂和多样化的非线性数据结构。

反向传播算法是一种高效的训练方法，通过计算损失函数对模型参数的梯度，实现了对 DNN 权重的优化，从而提高了模型的预测精度。自编码器则通过无监督学习的方式，自动提取输入数据的特征表示，广泛应用于降维、特征学习和数据去噪等任务。CNN 特别擅长处理图像数据，通过卷积层、池化层和全连接层的组合，能够自动提取图像中的空间特征，从而在图像识别和分类任务中取得了显著的成果。RNN 则在处理序列数据方面表现出色，通过其内部的循环机制，能够捕捉时间序列数据中的时序特征，广泛应用于语音识别、自然语言处理和时间序列预测等领域。GAN 则是一种创新的深度学习框架，通过生成器和判别器的对抗训练，能够生成逼真的图像、音频和文本数据，推动了生成模型的发展。

这些关键技术的突破和应用，使得深度学习在图像识别、语音识别和自然语言处理等众多领域取得了显著进展。深度学习模型不仅在学术界引起了广泛关注，而且在工业界得到了广泛应用，推动了人工智能技术的快速发展和广泛应用。

3. 发展阶段

深度学习的发展历程可以划分为几个关键阶段，每个阶段都为这一领域带来了重要的突破和进步。

(1) 起步阶段(2006—2011 年)。在这个阶段，深度学习的研究开始逐渐兴起。Geoffrey Hinton 及其学生团队作出了开创性的贡献，他们提出了深度信念网络(Deep Belief Networks，DBN)和 CNN。这些算法的提出为后续的深度学习研究奠定了坚实的基础，使得深度学习在学术界和工业界逐渐受到重视。

(2) 复兴阶段(2012年至今)。随着计算机硬件性能的大幅提升和大数据时代的到来，深度学习迎来了复兴。特别是 2012 年，AlexNet 在 ImageNet 大规模视觉识别挑战赛中的卓越表现标志着深度学习时代的真正到来。AlexNet 的成功不仅展示了深度学习在图像识别领域的巨大潜力，还激发了学术界和工业界对深度学习技术的广泛关注和研究热情。

(3) 现代发展。近年来，深度学习领域迎来了新的突破，特别是 Transformer 模型的出现。Transformer 模型最初由 Vaswani 等在 2017 年提出，它在自然语言处理领域取得了革命性的成果。Transformer 模型的核心思想是利用自注意力(self-attention)机制来捕捉序列数据中的长距离依赖关系，从而在机器翻译、文本生成、情感分析等任务中取得了前所未有的性能。随着 BERT、GPT 等基于 Transformer 的模型的不断涌现，深度学习在自然语言处理领域的应用前景变得更加广阔，推动了整个人工智能技术的快速发展。

4. 应用领域

深度学习技术在众多领域得到了广泛的应用和推广，其影响力覆盖了多个重要的行业和领域。以下是一些深度学习应用的具体例子。

(1) 计算机视觉。深度学习在计算机视觉领域中扮演着至关重要的角色。深度学习被广泛应用于图像分类，通过训练模型能够识别和分类不同类别的图像，从而实现自动化的图像识别。此外，深度学习还被用于目标检测，能够准确地在图像中定位并识别出多个目标。面部识别技术也得益于深度学习的发展。通过分析和学习大量的面部数据，能够实现高精度的面部识别和验证。

(2) 语音识别。深度学习在语音识别领域同样取得了显著的进展。深度学习被用于将语音信号转换为文本，不仅广泛应用于语音助手、语音输入法等领域，推动了语音合成技术的发展，使得计算机能够生成接近自然人声的合成语音，还广泛应用于虚拟助手、有声读物等领域。

(3) 自然语言处理。深度学习在自然语言处理领域也取得了突破性的进展。它被用于机器翻译，能够将一种语言的文本或语音自动翻译成另一种语言，极大地促进了跨语言交流。

(4) 情感分析。通过分析文本中的情感色彩，深度学习模型能够识别出用户的情绪和态度。

(5) 聊天机器人。通过训练，深度学习模型能够实现与人类的自然对话，广泛应用于客户服务、在线购物等领域。

(6) 推荐系统。深度学习在推荐系统中的应用极大地提升了个性化推荐的准确性和用户体验。通过分析用户的历史行为数据，深度学习模型能够预测用户的兴趣和偏好，从而实现个性化的内容推荐。

(7) 用户行为预测。通过分析用户的行为模式，深度学习模型能够预测用户的未来行为，从而为商家提供决策支持，优化产品和服务。

总而言之，深度学习在多个领域都展现出了强大的应用潜力和价值，其在计算机视觉、语音识别、自然语言处理和推荐系统等领域的应用，不仅推动了技术的进步，也为人们的生活带来了诸多便利。

5. 未来趋势

尽管深度学习已经取得了巨大的成功，并在许多领域取得了突破性进展，但仍然面临一些挑战。

(1) 解释性问题是一个重要的研究课题。目前，深度学习模型往往被视为"黑箱"，缺乏透明度和可解释性。如何使这些模型更加透明和可解释，以便用户和研究人员能够更好地理解其决策过程，是当前研究的一个重要课题。

(2) 泛化能力是深度学习需要解决的问题之一。尽管深度学习模型在训练数据上表现出色，但在未见过的数据上往往表现不佳。提高模型在未见过的数据上的表现，是深度学习领域需要进一步研究的方向。

(3) 资源消耗也是一个重要的问题。深度学习模型通常需要大量的计算资源，包括高性能的硬件设备和大量的电力消耗。优化模型以减少计算成本，提高模型的效率，也是未来的研究重点之一。

深度学习作为人工智能的核心技术之一，其发展历程充满了创新和突破。未来，随着技术的不断进步和应用领域的扩展，深度学习将继续在各个行业中发挥重要作用。深度学习起源于人工神经网络的研究，经过多年的发展，已经成为人工智能领域的核心技术之一。近年来，随着计算能力的提升和大数据的普及，深度学习在许多领域取得了突破性进展，如图像识别、自然语言处理、自动驾驶等。然而，深度学习仍然面临许多挑战，需要进一步地研究和创新。未来，随着计算资源的优化和算法的改进，深度学习有望在更多领域取得更大的突破，为人类社会带来更多的便利和进步。

4.2.2 深度学习的基础

深度学习的基础涉及众多领域，其核心内容主要包括以下几个方面。

1. 神经网络基础

(1) 神经元模型。在人工神经网络中，神经元(节点、单元)是构成网络的基本计算单位，灵感来源于生物学上的大脑神经元。每个神经元接收来自其他神经元的输入信号，对这些信号进行处理，并产生一个输出信号，传递给其他神经元。

神经元模型的基本结构和功能如下。

① 输入。神经元通过其树突接收来自其他神经元的电信号。在人工神经网络中，这些输入信号通常是实值数据。

② 加权和。每个输入信号都与一个权重相关联，这些权重决定了输入对神经元激活的影响程度。权重与对应输入的乘积之和，形成一个加权和，再加上一个偏差项(bias)，得到神经元的未激活输出。

③ 激活函数。未激活输出通过一个激活函数(如 sigmoid、ReLU 等)实现，该函数决定了神经元是否以及如何将信号传递到网络的下一层。激活函数引入非线性，使得神经网络可以学习复杂的模式。

④ 输出。激活后的信号作为神经元的输出，传递到网络中的其他神经元。

(2) 激活函数。激活函数为神经网络提供必要的非线性，使其能够学习复杂的函数映射。不同的激活函数具有不同的特性和用途。

① Sigmoid 函数。将任意值压缩到[0, 1]的范围内，通常用于输出层神经元，以表示概率或者归一化的值。

② ReLU 函数。输出输入值的正部分，是目前常用的激活函数之一。它计算简单，有助于缓解神经网络训练过程中的梯度消失问题。

③ tanh 函数。类似于 sigmoid，但将值压缩到[-1, 1]的范围内。它在某些情况下提供了比 sigmoid 更好的梯度特性。

④ Leaky ReLU。对 ReLU 的改进，允许负输入有一个非零的小梯度，以解决 ReLU 神经元"死亡"的问题。

⑤ Softmax 函数。通常用于多类分类问题的输出层，它将输出转换为概率分布，使得每个类别的概率都在 0 到 1 之间，并且所有类别的概率之和为 1。

(3) 权重和偏差。

① 权重是连接两个神经元的参数，它们决定了输入信号的重要性。权重在神经网络的训练过程中不断调整，以最小化网络的预测误差。

② 偏差是一个可训练的参数，用于调整神经元的激活水平。它允许神经元即使在所有输入都为零时也能有一个可调整的输出。

③ 权重和偏差是神经网络中最重要的参数，它们的初始值通常随机设置，并在训练过程中通过反向传播和优化算法(如梯度下降)进行更新。正确的权重和偏差能够使神经网络有效地学习和泛化从训练数据中发现的模式。

2. 数学基础

(1) 线性代数。

① 矩阵运算。深度学习中的数据通常以向量和矩阵的形式表示。线性代数中的矩阵运算是处理这些数据的基础。例如，神经网络的权重和偏置都是以矩阵形式存储的，而前向传播和反向传播过程中的计算则依赖于矩阵乘法和加法。

② 向量空间。向量空间的概念能帮助理解数据的组织方式。在神经网络中，输入数据、激活值和输出都可被视为在不同向量空间中的点或向量。这些向量通过线性变换(矩阵乘法)在不同层之间传递。

③ 线性方程组。线性方程组在深度学习中用于描述和解决多种问题，如通过最小二乘法求解线性回归模型的参数。在神经网络中，每一层的输出可以看作该层输入与权重矩阵相乘的结果，再加上偏置项，这实际上是在解决一系列的线性方程组。

(2) 微积分。

① 梯度计算。微积分中的导数概念对于计算损失函数关于网络参数的梯度至关重要。这些梯度指示了损失函数值上升最快的方向，是优化算法(如梯度下降法)、更新参数以减小损失的依据。

② 反向传播算法。反向传播是深度学习中的核心算法之一，它基于链式求导法则，用于从输出到输入逐层计算损失函数对每个参数的梯度。在这个过程中，微积分提供的是对复合函数求导的能力。

③ 函数优化。微积分不仅用于计算梯度，还用于求解函数的极值问题，这对于找到最优的网络参数非常重要。在深度学习中，通过迭代调整参数以最小化损失函数，实质上是在进行多变量函数的优化。

(3) 概率论与统计。

① 概率分布。深度学习中的许多模型，尤其是生成模型，依赖概率分布来描述数据的随机性。例如，在深度学习中，贝叶斯定理用于理解先验知识如何影响后验概率，从而在模型预测时引入先验知识。

② 信息熵。信息熵是衡量随机变量不确定性的指标。在深度学习中，熵常用作损失函数的一部分，特别是在处理分类问题时。例如，在训练一个分类器时，我们通常希望模型的输出尽可能地确定，即熵尽可能低。

3. 基本概念

(1) 监督学习。

① 定义与原理。监督学习是一种机器学习方法，其模型通过已标记的训练数据进行学习。在监督学习中，输入数据(特征)和对应的输出数据(标签)都是已知的。模型的目标是找到一个映射函数，能够准确地预测新的输入数据的输出。

② 应用示例。监督学习广泛应用于分类和回归任务。例如，在邮件分类中，通过训练一个监督学习模型，可以识别哪些邮件是垃圾邮件；在房价预测中，使用房屋的各种属性作为输入，可以预测房价。

③ 损失函数。在监督学习中，常用的损失函数包括 MSE 和交叉熵损失(cross entropy loss)。MSE 误差用于回归任务，测量预测值与实际值之间差的平方的平均值。交叉熵损失则常用于分类任务，衡量模型预测的概率分布与真实分布之间的距离。

④ 正则化技术。为了预防过拟合，监督学习中常使用 L1 和 L2 正则化技术。L1 正则化通过对权重的绝对值之和施加惩罚，促使模型倾向于产生稀疏解。L2 正则化则通过对权重的平方和施加惩罚，使得权重趋向于较小的值，但不完全为零。

(2) 无监督学习。

① 定义与原理。无监督学习处理未标记的数据，目标是发现数据之间的隐藏结构或模式。在无监督学习中，不给出关于输出标签的任何信息，算法需要自行找出数据的特征

或分组。

② 应用示例。无监督学习常用于市场细分、社交网络分析、图像分割等。例如，在客户细分中，根据客户的购买行为、偏好等数据，将客户分为不同的群体，以实现更精准的营销。

③ 特点。无监督学习的挑战在于评估模型的性能。由于缺乏标签，无法直接使用诸如准确率这样的度量来评价模型的好坏。因此，常用如轮廓系数、簇内紧凑度和簇间分离度等指标来评估聚类的效果。

(3) 强化学习。

① 定义与原理。强化学习是一种学习方式，其中智能体通过与环境的交互，通过试错的方式学习如何达到某种目标。智能体通过观察状态、采取行动并获得奖励(惩罚)来学习策略，旨在最大化累积奖励。

② 应用示例。强化学习在游戏、机器人控制、资源管理等领域有着广泛的应用。例如，在自动驾驶车辆中，强化学习可以用来决定车辆在不同交通情况下的最优行动策略。

③ 特点。强化学习的一个关键挑战是平衡探索与利用。智能体需要在探索未知的环境以获得更多信息和利用当前已知的信息做出最优决策之间找到平衡。此外，强化学习的训练过程可能会非常耗时，并且对奖励设计很敏感。

(4) 损失函数。损失函数是机器学习和深度学习中的一个重要概念，用来衡量模型预测结果与真实数据间的差异。在众多损失函数中，MSE 和交叉熵损失是两种最常用的损失函数。它们在不同的任务场景中有着各自的优势和局限。具体分析如下：

① 均方误差。

定义：MSE 是预测值与真实值之间差值的平方和的均值。其公式为

$$\text{MSE} = \frac{1}{n}\sum_{i=1}^{n}(y_i - \hat{y}_i)^2 \tag{4-1}$$

式中：y_i——真实值；

$\hat{y}_i$——预测值；

n——样本数量。

优点：MSE 的函数曲线光滑、连续，处处可导，便于使用梯度下降算法。随着误差的减小，梯度也在减小，有利于模型快速收敛，且即使使用固定的学习速率，也能较快地收敛到最小值。

缺点：对较大的误差给予较大的惩罚，对较小的误差给予较小的惩罚，即对离群点比较敏感，受其影响较大。如果样本中存在离群点，MSE 会给离群点更高的权重，可能牺牲其他正常数据的预测效果，降低整体模型性能。

应用场景：当处理连续数值预测的回归任务时，优先考虑使用 MSE。例如，在线性回归、时间序列分析等问题中，MSE 使用较为广泛。

② 交叉熵损失。

定义：交叉熵损失用于度量两个概率分布间的差异。其表达式为

$$H(p,q) = -\sum_x p(x)\log q(x) \tag{4-2}$$

式中：p——真实值的概率分布；

q——预测值的概率分布。

优点：交叉熵损失在分类问题中表现良好，尤其是当使用 Sigmoid 或 Softmax 作为激活函数时。它对于模型输出概率低和高的情况都能很好地处理，有助于模型快速学习。

缺点：交叉熵损失通常不适用于回归问题，主要应用于分类问题。在一些特定情况(如类别极不平衡的数据)下，可能需要对交叉熵损失进行改进以获得更好的效果。

应用场景：在分类问题中使用较为广泛，特别是多分类问题。例如，在图像识别、文本分类等任务中常被使用。

③ 选择损失函数时应考虑以下因素。

任务类型：回归任务首选 MSE，分类任务首选交叉熵损失。

数据特性：如果数据中存在较多离群点，可考虑使用对异常值不敏感的损失函数，如 MAE。

模型输出：如果模型输出是概率分布，则交叉熵损失更为适用；如果输出是具体数值，则 MSE 或其他回归损失函数更合适。

正则化技术：如 L1、L2 正则化，防止过拟合。

4. 典型网络结构

(1) CNN。

① 基本概念。CNN 是一种深度学习模型，最早由神经科学家 Yann LeCun 等在 20 世纪 80 年代提出，用于解决图像识别问题。其设计受到生物视觉系统结构的启发，模拟了人类视觉系统对视觉信息的处理方式。

② 核心操作。CNN 的核心操作包括卷积层、激活层和池化层。卷积层通过滑动窗口的方式提取局部特征，每个卷积层共享权重，减少了参数数量。激活层通常使用 ReLU 函数，增加非线性。池化层则用于降维和减少计算量。

③ 应用。CNN 在计算机视觉领域取得了巨大成功，广泛应用于图像识别、物体检测、图像分割等任务。通过多层卷积和池化操作，CNN 可以自动学习并提取高层抽象的特征，用于分类任务或回归任务。

④ 优点。与传统全连接神经网络相比，CNN 采用局部感知性和参数共享的方式，显著减少了参数数量和计算量，提高了模型的泛化能力。这使得 CNN 在处理高维数据(如图像)时具有高效性。

⑤ 局限性。尽管 CNN 在视觉任务中表现出色，但在处理与空间关系不密切的数据(如纯文本数据)时，效果不如 RNN。此外，CNN 需要对大量的标注数据进行训练，这在某些应用场景中可能难以满足。

(2) RNN。

① 基本概念。RNN 是一类处理序列数据的神经网络，其结构中节点间的连接形成一个序列，使得 RNN 能够在处理当前数据时利用之前的信息。

② 核心操作。RNN 的核心特点是其隐藏层不仅依赖当前输入，还依赖前一时间步的

隐藏状态。这种结构使得 RNN 能够捕捉序列中的动态时序信息。

③ 应用。RNN 在自然语言处理和时间序列分析中有着广泛应用。例如，用于机器翻译、语音识别、股票价格预测等任务。这些任务的共同特点是数据具有时间顺序性。

④ 优点。RNN 通过循环连接能够有效地处理序列数据，捕捉时间序列中的长期依赖关系。这一点在传统的 RNN 中难以实现。

⑤ 局限性。传统的 RNN 在处理长序列时会遇到梯度消失或爆炸的问题，导致网络难以学习和记忆长期依赖。为了解决这个问题，引入了 LSTM 和 GRU(Gated Recurrent Unit) 等改进型 RNN。

(3) GAN。

① 基本概念。GAN 由 Ian Goodfellow 于 2014 年提出，是一种通过对抗过程训练的生成模型。GAN 包含两个部分，即生成器和判别器。

② 工作原理。生成器负责生成尽可能逼真的数据样本，而判别器则试图区分真实数据和生成器产生的伪造数据。两者通过对抗过程不断优化，最终生成器能产生足以"欺骗"判别器的高质量样本。

③ 应用。GAN 在图像生成、视频生成、文本到图像的合成等领域取得了显著成果。例如，GAN 在艺术创作、虚拟试衣、影视作品中的特效制作等方面有广泛应用。

④ 优点。GAN 能够生成高质量、多样化的数据样本，在图像领域的表现尤为突出。其生成的样本可以用于数据增强、半监督学习等多个场景。

⑤ 局限性。GAN 的训练过程相对不稳定，容易出现模式崩溃(mode collapse)的问题，即生成器产生多样性不足的样本。此外，GAN 对超参数的选择比较敏感，需要仔细调整以达到最佳效果。

(4) 实践工具和框架。

① 编程语言：Python，掌握基本的编程技能和常用库，如 NumPy、Pandas。

② 深度学习框架：TensorFlow、PyTorch、Keras 等。

5. 特征工程

特征选择、特征构造和特征编码是提高特征工程模型性能的关键步骤，它们在机器学习和数据挖掘领域起着至关重要的作用。

(1) 特征选择。

① 定义。特征选择是从原始数据集中选择出最重要、与目标变量最具相关性的特征子集的过程。这有助于减少数据的维度和降低数据复杂度，提高模型的性能和可解释性。

② 方法。

过滤法(filter)：根据特征与目标变量的统计特性来选择特征，如相关性评分(pearson 相关系数、Spearman 相关系数)、信息增益和互信息等。

包装法(wrapper)：通过构建模型来评估特征的重要性。常见方法包括递归特征消除和支持向量机递归特征消除(SVM-RFE)等。

嵌入法(embedded)：将特征选择过程与模型训练相结合，如使用具有内置特征选择的模型，如 Lasso 回归和决策树。

优点：减少过拟合风险，提高模型泛化能力；加速模型训练过程，减少计算资源需求；提高模型可解释性，便于特征的重要性分析。

缺点：可能会丢失部分有潜在价值的信息，需要人工干预和领域知识进行特征选择。

(2) 特征构造。

① 定义。特征构造是从原始数据中生成新的特征，以更好地表征问题并提升模型性能的过程。这通常需要对业务逻辑有深入的理解，以便创造出与目标密切相关的新特征。

② 方法。

基于业务逻辑：结合领域知识创造新特征，如在用户流失预测中，可以构造用户入网时长、实际流量单价等特征。

基于数据挖掘：通过数据挖掘技术(如关联规则、频繁模式挖掘)发现数据中的隐含关系，从而构造新特征。

优点：能够增强模型对数据中隐藏模式的捕捉能力；结合领域知识，提高模型的解释性和准确性。

缺点：需要大量的时间和专业知识投入；可能存在主观偏见，导致特征构造效果不佳。

(3) 特征编码。

① 定义。特征编码是将非数值型特征转换为机器学习模型能够理解的数值形式的过程。这包括对分类变量的编码以及对数值变量的标准化或归一化处理。

② 方法。

热编码(one-hot encoding)：将分类变量转换为二进制向量表示，每个类别都对应一个独立的二进制位。

标签编码(label encoding)：将每个类别用一个整数表示，适用于定序类型的数据。

标准化(standardization)和归一化(normalization)：标准化是将数值变量转换为均值为0、标准差为1的正态分布；归一化则是将数值变量缩放到[0, 1]区间内。

优点：使模型能够处理各种类型的数据，提高模型的适用性；标准化和归一化可以消除数据量纲影响，加速模型收敛。

缺点：编码后的特征维度可能非常高，导致"维度灾难"；需要谨慎处理编码方式，避免引入偏差。

6. 优化算法

基于梯度的优化算法是神经网络训练中的核心组件，主要通过调整模型参数来最小化损失函数。以下将依次介绍几种常见的基于梯度的优化算法和参数初始化方法。

(1) 梯度下降法(gradient descent)。

① 批梯度下降法(batch gradient descent)。这种方法在每一步更新时使用整个数据集来计算梯度。其特点是可以得到稳定的收敛路径，但计算量较大，不适用于大规模数据集。

② 随机梯度下降法。在每一步更新时仅使用一个数据样本来计算梯度。由于每次更新只依赖单一数据点，所以收敛速度较快，但波动较大，可能导致收敛不稳定。

③ 小批量梯度下降法(mini-batch gradient descent)。结合了批梯度下降法和随机梯度下降法的优点，每次更新使用一个小批次的样本。这样既减少了计算量，又能够相对减小方

差,获得稳定的收敛。

(2) Adam 优化器。

① 自适应矩估计。Adam 是一种自适应学习率的优化算法,它利用一阶和二阶梯度的估计来动态调整学习率。Adam 结合了动量法(momentum)和 RMSProp 两种方法的特点,能够在训练过程中对不同参数进行独立调整,具有高效且稳定的特点。

② 优点。Adam 优化器能够自动调整学习率,对于不同的参数进行适应,通常在大型深度学习模型中表现优异。

③ 缺点。虽然在大部分场景下表现良好,但在有些情况下(如损失函数非凸时),Adam 可能会遇到一些问题,如可能因为学习率调整过快而错过全局最小值。

(3) 参数初始化。

① 合理参数初始化的重要性。合理的参数初始化能够加快模型收敛速度,避免梯度消失或爆炸的问题。在训练 DNN 时尤为重要。

② 常用初始化方法。

a. 零初始化:将所有参数初始化为零,但这种方法容易导致对称性破坏,使得所有神经元在反向传播过程中学习到相同特征,从而使神经网络失去非线性拟合能力。

b. 随机初始化:将参数随机初始化为较小的值,通常服从某一分布,如正态分布。这种方法可以避免零初始化带来的问题。

c. Xavier 初始化:也称为 Glorot 初始化,根据每层的输入输出神经元数量自动调整初始值大小,使激活和反向传播时的方差保持一致,从而稳定梯度。

d. He 初始化:针对 ReLU 函数及其变种激活函数设计的初始化方法;它与 Xavier 初始化类似,但考虑到 ReLU 函数的非线性特性,其方差为 $2/n$(n 为神经元数量)而非 Xavier 中的 $1/n$。

通过以上这些基础知识的学习,初学者可以逐步深入理解深度学习,并在实际应用中进行有效的建模和预测。这些基础构成了深度学习的核心理论体系,帮助人们更好地利用这一强大的技术来解决复杂的问题。

4.2.3 深度学习的相关算法

深度学习的相关算法是完成复杂机器学习任务的关键工具,每种算法都有其独特的特点和适用场景。

深度学习的相关算法包括 CNN、RNN、LSTM、GAN、深度强化学习、自编码器、VAE、图卷积网络等。这些算法在不同的应用场景中具有各自的优势,可以根据具体问题选择合适的算法。

1. CNN

优势:CNN 特别擅长处理具有网格拓扑结构的数据,如图像(二维像素网格)和视频(三维像素网格)。它们通过卷积层自动学习空间层次的特征,能够有效地识别局部模式并减少参数数量,这使得 CNN 在图像和视频分析领域得以成功应用。

应用场景:图像分类、物体检测、面部识别、医学影像分析等。

2. RNN

优势：RNN 能够处理序列数据，如时间序列数据或文本数据。它们通过循环连接来保持前一个时间步的信息，从而可以捕捉长距离依赖关系。

应用场景：语言模型、机器翻译、语音识别、情感分析等。

3. LSTM

优势：LSTM 是一种特殊的 RNN，它解决了标准 RNN 在长序列上训练时的梯度消失或爆炸问题。LSTM 通过引入门控机制来控制信息的流动，使得网络能够长时间维持状态而不丢失信息。

应用场景：文本生成、机器翻译、股票价格预测、自然语言理解等。

4. GAN

优势：GAN 由两个网络组成，即生成器和判别器。生成器负责创建新的数据实例，而判别器则尝试区分真实数据和生成器创建的数据。这种对抗过程促使生成器产生越来越逼真的数据样本。

应用场景：艺术创作、数据增强、模拟训练数据生成、超分辨率图像重建等。

5. 深度强化学习

优势：深度强化学习结合了深度学习的表示学习能力和强化学习的决策制定能力，能够在复杂的环境中进行学习和优化策略。

应用场景：游戏人工智能、机器人控制、自动驾驶汽车等。

6. 自编码器

优势：自编码器是一种无监督学习方法，用于发现数据的低维表示，常用于数据降维和异常检测。

应用场景：特征提取、去噪、数据压缩等。

7. VAE

优势：VAE 引入了概率模型来生成潜在变量，并且可以用于生成新的数据实例以及估计数据的概率分布。

应用场景：生成模型、概率建模、超分辨率图像重建等。

8. 图卷积网络

优势：图卷积网络(graph convolutional networks，GCN)专门设计用来处理图结构数据，如分子结构或社交网络。它们通过在图中的节点和边上进行消息传递来实现节点级别的预测。

应用场景：化学分子属性预测、推荐系统、社交网络分析等。

选择哪种算法取决于具体的应用场景和数据类型。例如，对于与图像相关的任务，CNN 通常是首选；而对于需要处理序列数据的场合，RNN 或 LSTM 可能更合适；对于需要生成新数据的场景，GAN 可能是更好的选择。随着深度学习技术的不断发展，这些算法也在不断进化和完善，为解决更多复杂的问题提供了可能。

4.2.4 深度学习的主流框架及应用

深度学习的主流框架为开发者提供了便捷的工具，使得构建和训练深度学习模型变得更加容易。深度学习在计算机视觉、自然语言处理、推荐系统等领域有着广泛的应用。

深度学习的主流框架为研究人员和开发者提供了构建、训练和部署深度学习模型所需的工具和库。这些框架通常包括易于使用的接口、丰富的功能以及大量的预训练模型，即使是没有深厚技术背景的开发者也能快速上手并实现复杂的深度学习任务。以下是一些主流的深度学习框架。

1. TensorFlow

TensorFlow 由 Google 开发，是一个强大的开源库，用于进行数值计算。它支持多种编程语言，并且能够运行在从个人计算机到服务器的任何设备上。TensorFlow 的主要优势在于其灵活性和可扩展性，适合从简单的机器学习任务到复杂的神经网络架构。它的生态系统还包括了 TensorBoard(用于可视化训练过程的工具)和 TensorFlow Hub(一个包含预训练模型和教程的中央存储库)。

2. PyTorch

PyTorch 最初是 Facebook 的研究团队开发的，后来成为独立的开源项目。它以 Python 优先，以其动态计算图、易于原型制作的特点受到许多科研人员的喜爱。PyTorch 的设计注重灵活性和易用性，非常适合于实验性的研究和开发工作。此外，PyTorch 还具有即时反馈机制，可以在代码执行时动态地调整网络结构。

3. Keras

Keras 是一个高层神经网络 API，基于 Python 编写，可以作为 TensorFlow 或 Theano 的接口。它设计简洁，旨在作为高级抽象封装低级细节，使得用户能够轻松定义、编译和训练模型。Keras 特别适合快速原型开发和数据科学工作流程。

4. Caffe

Caffe 是一个由加州大学伯克利分校开发的深度学习框架，最初是为 CPU 设计的，后来也支持 GPU 加速计算。Caffe 以其高效的性能和简洁的模型定义而闻名，但它的 API 与其他框架相比较为底层。

5. MXNet

MXNet(现在称为 H2O)是一个开源的深度学习平台，它允许使用 GPU 进行分布式训练。MXNet 的特点是对多核处理器有很好的支持，并且可以通过 H2O 云服务方便地进行大规模计算。

6. Theano

Theano 是一个 Python 库，用于高效地定义、优化和计算数学表达式，涉及多维数组。虽然它不如现代框架那么流行，但对于那些需要高度定制化操作或特定数学表达式的复杂模型仍然很有用。

7. CNTK

Microsoft 的 Cognitive Toolkit (CNTK)(现在称为 Azure ML Studio)是一个用于创建机器学习解决方案的平台。虽然微软已经将重心转移到 Azure 机器学习服务上，但 CNTK 曾是构建 DNN 的强大工具。

深度学习的这些框架各有优势，选择哪一个通常取决于具体的项目需求、团队成员的技术背景以及对性能、易用性和灵活性的不同偏好。随着深度学习技术的不断发展，这些框架也在不断进化，引入新的功能来满足研究人员和开发者的需求。

4.3 深度神经网络的实际应用

4.3.1 神经网络与深度学习

神经网络与深度学习之间的关系是密切且层次分明的。首先，神经网络是一种由多个神经元相互连接而成的计算模型，模仿了人脑神经元之间的连接方式。神经网络包括输入层、隐藏层和输出层，通过非线性函数、参数权重和反向传播算法等关键要素进行工作。深度学习则是基于神经网络的一种高级应用，特别是使用更复杂的神经网络结构来处理复杂的任务。深度学习模型通常包含多层神经网络，并利用特殊的优化算法如梯度下降法和反向传播算法进行训练。这些模型能够自动学习和识别数据中的复杂模式，在图像识别、语音处理和自然语言处理等领域取得了显著成果。

具体来说，深度学习通过层次化的特征学习和表示学习，使得神经网络能够更好地完成复杂任务。例如，CNN、RNN 是深度学习中常见的两种类型，分别用于处理图像数据和序列数据。深度学习是一种机器学习技术，它基于人工神经网络的概念。与传统的浅层学习(如线性回归、支持向量机等)不同，深度学习使用多层(深层)的神经网络结构来学习数据的深层次特征表示。这种深层次的特征提取和抽象使得深度学习能够捕捉到数据中的复杂模式和关系，从而在许多任务中取得比传统方法更优越的性能。

深度学习的核心优势在于其强大的特征学习能力。在传统的机器学习方法中，我们需要手工设计或选择特征，而在深度学习中，神经网络本身通过学习过程自动从原始数据中提取有用的特征。例如，在图像识别任务中，深度学习模型可以自动学习哪些视觉模式对于分类是重要的，而不需要人为定义这些特征。

总而言之，神经网络为深度学习提供了基础架构和技术支持，而深度学习则在此基础上进一步发展，通过更深层次的网络结构和优化算法，实现了对复杂数据的高效处理和学习。深度学习的应用非常广泛，尤其在以下几个领域取得了显著的成果。

(1) 语音识别：深度学习被广泛应用于语音到文本的转换，即自动语音识别(ASR)。深度神经网络(DNN)能够有效地处理音频信号中的复杂模式，从而实现准确的语音转写。例如，Google 的 WaveNet 就是专门用于生成人类语音波形的深度学习模型。

(2) 图像处理：在计算机视觉领域，深度学习已经成为主流技术。CNN 是一类特别为图像识别设计的 DNN，它能够从多个层面提取图像的特征，包括边缘、纹理、形状等，并最终用于对象检测、分类和分割等任务。

(3) 自然语言处理：深度学习也在自然语言处理领域取得了巨大成功。RNN 和 LSTM 等模型被用来处理序列数据，如文本或时间序列数据。这些模型能够捕捉文本中的长距离依赖关系，使得机器翻译、情感分析、问答系统等应用成为可能。

(4) 强化学习：深度学习还与强化学习相结合，应用于游戏人工智能、自动驾驶汽车等领域。在这些场景中，深度学习模型通过与环境的交互来学习最优策略，从而实现复杂的决策过程。

(5) 生成模型：GAN 是一类特殊的深度学习模型，它们能够生成新的、逼真的数据实例。这在艺术创作、数据增强以及模拟训练数据等方面非常有用。

深度学习的成功依赖于大量的数据和计算资源。随着互联网和移动设备的普及，我们拥有了前所未有的数据量。同时，GPU 和其他专用硬件的发展也极大地加速了深度学习模型的训练过程。因此，深度学习已经成为现代人工智能研究的核心技术之一。

DNN 在众多领域得到了广泛的实际应用，以下是一些主要的应用领域及其详细描述。

4.3.2　计算机视觉

1. 图像分类

DNN，尤其是 CNN，在图像分类任务中表现出色，它们能够自动识别和分类图像中的物体，广泛应用于医学影像分析、安防监控等各种场景。

2. 物体检测

DNN 可以用于检测图像中的多个物体并标注其位置，这对于自动驾驶汽车中的行人检测、交通监控等任务至关重要。

3. 人脸识别

深度学习技术在人脸识别领域得到了广泛应用，用于安全系统、人脸解锁和社交媒体中的自动标记等。

4. 图像生成

GAN 可以用于生成逼真的图像，如艺术作品、虚拟人物等，为娱乐和艺术创作提供了新的可能。

4.3.3　自然语言处理

1. 机器翻译

深度学习模型(如 Transformer)已经在机器翻译任务中表现出色，能够实现高质量的语言翻译，广泛应用于国际交流和多语言内容的处理。

2. 文本分类

深度学习技术用于垃圾邮件检测、情感分析、主题分类等任务，提高了文本处理的效率和准确性。

3. 问答系统

智能客服和虚拟助手等，能够理解用户的问题并提供准确的回答，极大地提升了用户体验和服务效率。

4. 文本生成

深度学习模型(如 GPT)可以生成新闻文章、故事、代码等，为内容创作和编程提供了新的工具。

4.3.4 语音处理

1. 语音识别

语音识别是将语音转换为文本的技术，已经被广泛应用于语音助手(如 Siri、Google Assistant)和语音输入系统，极大地提升了人机交互的便捷性。

2. 语音合成

语音合成是将文本转换为自然的语音的技术，如 TTS(text-to-speech)技术，已经被广泛应用于阅读器、导航系统等领域。

3. 语音情感分析

语音情感分析是通过分析语音中的情感，使深度学习技术在客服系统、心理健康监测等领域得到了应用，有助于更好地理解用户的情绪和需求。

4.3.5 推荐系统

1. 个性化推荐

深度学习技术在电商平台的商品推荐、音乐和视频平台的内容推荐中得到了广泛应用，通过分析用户行为和偏好提供个性化的推荐，提升了用户体验和满意度。

2. 广告推荐

根据用户的浏览历史和兴趣，深度学习模型能够推荐相关的广告内容，提高了广告的转化率和效果。

4.3.6 医疗健康

1. 医学影像分析

深度学习技术在疾病检测和诊断中发挥了重要作用，如癌症筛查、心脏病检测等，提高了医疗诊断的准确性和效率。

2. 药物发现

通过分析生物数据和药物反应，深度学习技术能够辅助新药的研发，缩短了药物研发周期，降低了研发成本。

3. 个性化医疗

根据患者的基因和病史，深度学习技术能够提供个性化的治疗方案，提高了治疗的效果和安全性。

4.3.7 金融科技

1. 信用评分

通过分析用户的金融行为数据，深度学习模型能够评估信用风险，为金融机构提供更为准确的信用评估工具。

2. 欺诈检测

深度学习技术在检测金融交易中的欺诈行为中发挥了重要作用，保护了用户和金融机构的安全。

3. 算法交易

利用深度学习模型进行高频交易和投资策略优化，能够提高交易的效率和盈利能力。

4.3.8 自动驾驶

1. 环境感知

通过摄像头、激光雷达等传感器，深度学习技术能够识别道路、车辆、行人等信息，为自动驾驶汽车提供了关键的环境感知能力。

2. 路径规划

根据环境信息和交通规则，深度学习模型能够规划最优的行驶路径，确保自动驾驶汽车的安全和高效行驶。

3. 行为预测

深度学习技术能够预测其他车辆和行人的行为，为自动驾驶汽车提供重要的决策支持，确保行驶安全。

4.3.9 游戏与娱乐

1. 游戏人工智能

深度学习技术用于游戏中的智能对手和角色行为控制，提升了游戏的趣味性和挑战性。

2. 内容生成

深度学习技术用于游戏关卡生成、虚拟世界构建等，为游戏和娱乐内容的创作提供了新的可能。

4.3.10　工业自动化

1. 质量检测
通过图像分析技术进行产品质量检测,深度学习技术在制造业中得到了广泛应用,提高了产品质量检测的效率和准确性。

2. 设备预测性维护
通过分析设备运行数据,深度学习技术能够预测和预防设备故障,缩短设备停机时间,提高生产效率。

4.3.11　智能家居

1. 智能助手
例如,Amazon Alexa、Google Home 等,通过语音控制家电设备,深度学习技术为智能家居提供了便捷的交互方式。

2. 家庭安全
通过摄像头和传感器监控家庭安全,检测异常行为,深度学习技术在家庭安防领域得到了广泛应用,提升了家庭安全的保障水平。

实训 4-1　深度学习与神经网络实训练习

1. 实训目标
(1) 掌握采用全连接层搭建神经网络模型的方法。
(2) 掌握激活函数、优化器、损失函数的选择。
(3) 掌握模型评估中的损失率和准确率的计算。

2. 实训环境
(1) 使用 3.8.5 版本的 Python。
(2) 使用 Jupyter Notebook 编辑器。
(3) numpy 1.18.5、pandas 1.1.3、keras 2.4.3。

3. 实训内容
(1) 建立模型。
(2) 添加神经网络层。
(3) 编译模型。
(4) 训练模型。
(5) 测试与评估。

4. 实训步骤

(1) 建立模型。搭建一个神经网络的模型,至少需要4个步骤。

建立模型,如代码4-1所示。

代码4-1 建立模型

```
In[1]:    # 下载数据
          !wget -P /root/jupyter_notebook http://datasrc.tipdm.net:81/python/case/basalt/x.npy
          !wget -P /root/jupyter_notebook http://datasrc.tipdm.net:81/python/case/basalt/y.npy
          # 导入相关库
          import numpy as np
          import pandas as pd
          from keras.models import Sequential
          from keras.layers.core import Dense, Activation
          # 读取数据
          x = np.load('/root/jupyter_notebook/x.npy', allow_pickle=True)
          y = np.load('/root/jupyter_notebook/y.npy', allow_pickle=True)
          # 转换数据类型
          x=x.astype(np.float32)
          y=y.astype(np.int)
          # 建立模型
          model = Sequential()
```

(2) 添加神经网络层。用add( )方法添加输入层、隐藏层、输出层。此处搭建一个4层的神经网络模型。输入节点数为41,输出节点数为1。暂定两个隐藏层节点数分别为83和40,具体的数量通过删减法和扩张法确定。各层之间的激活函数分别用"relu""relu"和"sigmoid"都采用全连接模式。添加神经网络层如代码4-2所示。

代码4-2 添加神经网络层

```
In[2]:    # 添加神经网络层
          model.add(Dense(units=83,input_dim=41))
          model.add(Activation('relu')) # 用 relu 函数作为激活函数,能够大幅提供准确度
          model.add(Dense(units=40))
          model.add(Activation('relu')) # 用 relu 函数作为激活函数,能够大幅提供准确度
          model.add(Dense(1))
          model.add(Activation('sigmoid')) # 由于是 0-1 输出,用 sigmoid 函数作为激活函数
```

(3) 编译模型。对已经搭建的神经网络模型进行编译工作,其中损失函数和优化器需要指定。损失函数设定为"binary_crossentropy",优化器为"adam",评估函数为"binary_accuracy"。评价函数不影响模型的训练,只作用于验证集。编译模型如代码4-3所示。

代码4-3 编译模型

```
In[3]:    # 编译模型
          model.compile(loss = 'binary_crossentropy', optimizer = 'adam',metrics=['binary_accuracy'])
```

(4) 训练模型。此处定为训练迭代1000次,batc_size为100,验证集比例为0.25,如代码4-4所示。

代码 4-4　训练模型

```
In[4]:    # 训练模型，学习 1000 次
          model.fit(x, y, epochs = 1000, batch_size = 100,validation_split=0.25)

Out[4]:   Epoch 1/1000
          25/25 [==============================] - 0s 9ms/step - loss: 0.6487
          - binary_accuracy: 0.6002 - val_loss: 0.5790 - val_binary_accuracy: 0.7500
          Epoch 2/1000
          25/25 [==============================] - 0s 2ms/step - loss: 0.5743
          - binary_accuracy: 0.7397 - val_loss: 0.5119 - val_binary_accuracy: 0.7848
          Epoch 3/1000
          25/25 [==============================] - 0s 4ms/step - loss: 0.5273
          - binary_accuracy: 0.7597 - val_loss: 0.4951 - val_binary_accuracy: 0.7836
          ……
          Epoch 999/1000
          25/25 [==============================] - 0s 2ms/step - loss: 6.6122e-04
          - binary_accuracy: 1.0000 - val_loss: 2.3255 - val_binary_accuracy: 0.7488
          Epoch 1000/1000
          25/25 [==============================] - 0s 2ms/step - loss: 8.2436e-04
          - binary_accuracy: 1.0000 - val_loss: 2.2681 - val_binary_accuracy: 0.7488
```

（5）测试与评估。对模型进行评估测试。首先将特征 x 放进训练好的神经网络模型，得到模型预测的结果，用于之后的混淆矩阵的绘制。然后用 evaluate 方法直接查看训练好的神经网络模型的损失和分类的准确率。测试与评估如代码 4-5 所示。

代码 4-5　测试与评估

```
In[5]:    yp = model.predict(x).reshape(len(y)) # 分类预测
          loss_and_metrics = model.evaluate(x, y) # 查看模型评估
          print('模型的损失和准确率为： \n',loss_and_metrics)
          np.save('/root/jupyter_notebook/yp.npy',yp) # 保存数据

Out[5]:   模型的损失和准确率为：
          [0.504875123500824, 0.9417989253997803]
```

4.4　本章小结

（1）神经网络是一种模拟人脑神经元的计算模型，由节点和连接(权重)组成，能够处理分类、回归和聚类等机器学习问题。它由输入层、隐藏层和输出层构成，通过前向传播、损失计算、反向传播和权重更新等步骤进行学习。

（2）深度学习是神经网络的高级应用，使用 DNN 结构处理复杂任务，如图像识别、语音处理和自然语言处理。深度学习通过自动特征学习和表示学习，能够捕捉数据中的复杂模式。

(3) 深度学习的核心优势在于其特征学习能力，能够自动从原始数据中提取有用特征，无须人工设计。它依赖大量数据和计算资源，已成为现代人工智能研究的核心技术之一。

(4) 深度学习的关键技术包括反向传播算法、自编码器、CNN、RNN、GAN 等，这些技术推动了深度学习在多个领域的应用。

(5) 深度学习的应用领域广泛，包括计算机视觉、语音识别、自然语言处理和推荐系统等。随着技术的发展，深度学习在这些领域取得了显著成果，并展现出强大的未来发展趋势。

4.5 本章习题

一、单项选择题

1. 神经网络的基本构成不包括以下哪一层？（　　）
   A. 输入层　　　　B. 隐藏层　　　　C. 输出层　　　　D. 决策层
2. 深度学习在处理以下哪项任务时不具有优势？（　　）
   A. 图像识别　　　B. 语音处理　　　C. 股票市场预测　D. 手写文字识别
3. 深度学习的核心优势不包括以下哪一项？（　　）
   A. 自动特征学习　　　　　　　　　B. 依赖于大量数据和计算资源
   C. 完全不需要人工干预　　　　　　D. 表示学习
4. 以下哪项技术不是深度学习的关键技术之一？（　　）
   A. 反向传播算法　　　　　　　　　B. 自编码器
   C. 支持向量机　　　　　　　　　　D. 卷积神经网络
5. 深度学习的应用领域不包括以下哪一项？（　　）
   A. 计算机视觉　　B. 语音识别　　　C. 量子计算　　　D. 自然语言处理

二、判断题

1. 神经网络的输入层负责接收原始数据，输出层则负责产生最终的预测结果。（　　）
2. 深度学习模型在处理复杂任务时，完全不需要任何形式的特征工程。（　　）
3. 反向传播算法是深度学习中用于优化网络权重的关键技术之一。（　　）
4. 自编码器是一种深度学习技术，主要用于数据压缩和去噪。（　　）
5. 深度学习在自然语言处理领域的应用仅限于文本分类，不包括机器翻译。（　　）

三、简答题

1. 简述神经网络在处理分类问题时的基本工作流程。
2. 简述深度学习在自然语言处理中的应用，并举例说明。
3. 解释深度学习中的特征学习能力，并讨论其为何重要。

第 5 章

自然语言处理

在这个信息爆炸的时代,手机、计算机、书籍、电视、各种街边的广告、公交地铁的广告屏,都在随时随地给我们输送海量的信息,我们也在被动地接受这些信息。这些信息的存在形式有很多,如视频、音频、图片、文字以及以上形式的混合体,但是这些信息的传递往往脱离不了一个载体——自然语言。

所谓自然语言,通常指的是一种自然而然地随文化演化形成的语言,如汉语、英语、俄语、日语等。由于自然语言具有多义性、上下文相关性、模糊性、非系统性、环境相关性等特征,其在自然语言理解方面至今仍无一致定义。

自然语言处理的诞生,是一段充满跨学科探索与突破的历史。追溯到 20 世纪中叶,自然语言处理的萌芽始于对人类语言与计算机交互的初步思考。1950 年,图灵提出的"图灵测试"为自然语言处理的研究奠定了基础,它挑战了计算机具备与人类相媲美的智能,从而开启了自然语言与计算之间对话的先河。

1954 年的达特茅斯会议标志着人工智能的诞生,也间接催生了自然语言处理的研究。当时,科学家对人工智能的无限可能充满憧憬,而语言作为人类智慧的结晶,自然成为人工智能探索的重要领域。随后,句法分析成为自然语言处理研究的热点,研究者试图通过计算机程序解析句子的结构,揭示自然语言背后的规律。

然而,20 世纪 60—70 年代,人工智能领域遭遇了"冬天",自然语言处理研究也陷入了低谷。即便如此,这一时期的研究也为后续的发展积累了宝贵的经验。进入 80 年代,随着计算机技术的进步,统计方法开始在自然语言处理中崭露头角,如隐马尔可夫模型和朴素贝叶斯分类器等,为语音识别和文本分类等领域带来了突破。

20 世纪 90 年代,随着深度学习技术的兴起,自然语言处理研究迎来了新的春天。RNN、LSTM 和 Transformer 等深度学习模型的应用使得自然语言处理在自然语言理解、机器翻译、情感分析等方面取得了显著成果。

21 世纪以来,随着大数据和云计算的普及,自然语言处理的研究和应用迎来了爆发式增长。从智能客服、智能助手到自动驾驶、智能家居，自然语言处理技术正深刻地改变着我们的生活方式。可以说，自然语言处理的诞生不仅是对人类智慧的致敬，更是科技进步的结晶，它引领着人工智能领域不断向前发展。

5.1 自然语言处理基础

自然语言处理是人工智能和语言学领域的一个重要分支，它致力于使计算机能够理解、解释和生成人类语言。自然语言处理的基础包括语言模型、分词、词性标注、句法分析、语义理解等技术。这些技术使得计算机能够识别文本中的单词和短语，理解它们的含义和上下文，甚至生成自然流畅的文本。通过这些基础技术，自然语言处理在计算机翻译、情感分析、语音识别、自动摘要等应用中发挥着关键作用。

5.1.1 自然语言处理概述

自然语言处理跨学科领域，它结合了计算机科学、人工智能、语言学和心理学等多个学科的理论和方法，旨在使计算机能够理解、解释和生成人类语言。自然语言处理的目标是缩小人类语言和计算机之间的差距，使计算机能够执行诸如语言翻译、情感分析、文本摘要、语音识别和生成等任务。通过分析和处理大量自然语言数据，自然语言处理技术能够揭示语言模式，提取关键信息，模拟人类的语言理解过程。随着深度学习等先进技术的发展，自然语言处理在提高计算机的语言理解能力、促进人机交互以及丰富信息获取方式等方面展现出巨大的潜力和价值。

自然语言处理的两大主要任务通常被认为是自然语言理解和自然语言生成，如图 5-1 所示。

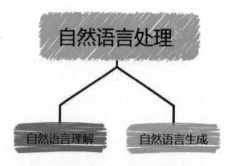

图 5-1 自然语言处理的两大主要任务

1. 自然语言理解

自然语言理解在文本信息处理系统中扮演着非常重要的角色，是推荐、问答、搜索等系统的必备模块。简单来说，自然语言理解的运用希望机器人能够像人一样，具备正常的语言理解能力。

自然语言理解出现后，可以让机器从各种自然语言的表达中区分出哪些话归属于一类，而不再依赖过于死板的关键词。通过训练，机器还能够在文本当中自动提取出我们需要的信息等。

自然语言理解拥有以下一些关键点。

(1) 语言理解：自然语言理解旨在让计算机理解语言的深层含义，而不仅仅是识别词汇或语法结构。这意味着它不仅要识别单词和句子结构，还要理解上下文、隐喻、讽刺、情感和意图等。

(2) 文本分析：自然语言理解涉及对文本的深入分析。文本分析包括但不限于以下几点。

① 词性标注：识别单词在句子中的语法角色，如名词、动词、形容词等。

② 命名实体识别：识别文本中的特定实体，如人名、地点、组织、日期等。

③ 依存句法分析：分析句子中单词之间的依赖关系。

④ 语义角色标注：确定句子中不同实体的语义角色。

⑤ 情感分析：判断文本表达的情感倾向(正面、负面或中性)。

(3) 上下文感知：自然语言理解需要考虑上下文信息，因为语言是高度依赖上下文的。这包括对特定对话历史、用户意图、文化背景等的理解。

(4) 意图识别：自然语言理解的一个关键任务是识别用户的意图或目的。例如，在对话系统中，理解用户是想要查询信息还是寻求帮助。

(5) 机器学习：自然语言理解通常依赖于机器学习算法，尤其是深度学习技术，如神经网络，来训练模型理解和解释自然语言。

自然语言理解常见的应用领域有语音助手、聊天机器人、智能搜索、文本分析等。

2. 自然语言生成

自然语言生成的任务是使计算机能够生成自然语言文本或语音，以表达特定的信息或意图。自然语言生成包括文本摘要、机器翻译、对话系统生成回复、自动报告生成等。自然语言生成的核心是创建流畅、准确、符合语境的自然语言输出。

自然语言生成，有以下关键特性。

(1) 自动文本创作：自然语言生成系统可以自动生成各种类型的文本，如新闻报道、天气预报、摘要、对话回复、故事等。

(2) 内容生成：自然语言生成可以基于数据和算法生成新的内容，而不需要人工创作。这对于信息过载的时代特别有用，因为它可以自动化某些类型的文本创作工作。

(3) 复杂度：自然语言生成系统可以生成从简单到复杂的文本，从简单的句子到完整的段落和文章。

(4) 风格和格式：自然语言生成系统可以模仿特定的写作风格，如正式、非正式、幽默或技术性，并且可以按照特定的格式生成文本。

自然语言生成的工作流程通常包括以下步骤。

(1) 输入处理：将输入数据(如数据库、API 调用结果等)转换为适合生成文本的格式。

(2) 内容规划：确定文本的主题、结构、风格等。

(3) 文本生成：根据输入数据和内容规划，使用算法生成文本。

(4) 后处理：对生成的文本进行编辑和优化，确保文本的流畅性和准确性。

综上，自然语言理解与自然语言生成是自然语言处理领域的基石，它们相辅相成，共同推动人机交互和人工智能的发展。

5.1.2 自然语言处理的应用领域

自然语言处理的代表性应用展示了该技术在不同领域的强大能力和广泛影响。在日常生活中，人们都会不经意地接触或应用自然语言处理的应用程序，这些应用程序无处不在。以下是四个最具代表性的自然语言处理应用。

1. 搜索引擎优化和信息检索

自然语言处理技术在搜索引擎优化(SEO)和信息检索领域的应用：通过增强搜索引擎对用户查询意图的深入理解，呈现更精准的语义搜索和个性化的搜索结果，同时优化自动摘要生成、语音搜索识别、跨语言搜索能力，并提供智能的查询建议和自动补全功能，从而显著提升搜索相关性和用户满意度，推动搜索引擎优化策略的有效实施和信息检索技术的进步。例如，国内的搜索引擎——百度——也使用了自然语言处理技术来理解用户的查询意图，提供了相关性更高的搜索结果，如图 5-2 所示。自然语言处理通过上下文的分析、同义词识别等来了解和确定用户的真实意图，达到智能联想的效果。

图 5-2 百度搜索自动联想的搜索结果

2. 机器翻译

自然语言处理技术在机器翻译中的应用通过先进的算法，如 RNN 和 Transformer 模型，结合自注意力机制和深度学习，实现了对源语言文本的精准编码和目标语言文本的流畅解码，同时通过数据预处理、模型训练、后处理以及对低资源语言的翻译策略，显著地提升了翻译的准确性、效率和多语言支持能力，推动了跨语言沟通和信息交流的进步。机器翻译是自然语言处理中的经典应用之一，它允许用户将一种语言的文本翻译成另一种语言，促进了人们对另一种语言的了解，同时方便了人们阅读外文文献、图书、资料等。在日常生活中，人们常接触到的翻译软件有很多。以翻译软件为例，当我们需要将一种语言翻译为另一种语言时,只需要在翻译框中输入需要翻译的文字,翻译软件就会对用户输入的内容进行翻译处理。这个过程包括输入处理、预处理、语言检测、启动翻译模型、后处理、输出、评估与反馈。其中,预处理就是利用自然语言处理技术,将用户输入的文字进行分词,分割成单词、短语或标点符号;再对分割后的数据进行规范化,如小写转换、去除标点符号和特殊字符等;最后进行词干提取或者词形还原,将单词还原为最基本的形式。图 5-3 为一种常见的翻译软件。

图 5-3　一种常见的翻译软件

3. 虚拟助手和聊天机器人

虚拟助手(如苹果的 Siri、亚马逊的 Alexa、小米的小爱同学、华为的小艺等)和聊天机器人都是利用自然语言处理技术来理解用户的自然语言指令和问题,并提供相应的反馈或服务的。通常,用户通过语音设备发出指令或问题,虚拟助手首先利用语音识别技术将语音转换为文本,然后通过自然语言处理技术理解用户的意图,根据用户需求,虚拟助手检索信息或执行相应任务,接着生成文本回复,并通过文本到语音技术将其转换为语音输出,最后通过扬声器播放给用户,完成整个交互过程。Siri 演示图片如图 5-4 所示,虚拟助手处理用户指令流程如图 5-5 所示。

图 5-4　Siri 演示图片

图 5-5　虚拟助手处理用户指令流程

4. 情感分析

在社交媒体监控、市场研究和客户反馈分析中，情感分析能够识别和分类文本数据中的情感倾向(正面、负面或中性)，以帮助企业了解公众对产品或服务的看法。

自然语言处理与相关技术

所谓自然语言处理，就是致力于研究如何让计算机能够理解、解释和生成人类语言。自然语言处理通常包括文本预处理、特征提取、模型训练、模型评估、模型优化、模型部署、解释和可视化、伦理和合规性考量。本节将挑选较为核心的部分进行介绍。

5.2.1　自然语言学基础

自然语言学基础是对人类语言的科学探究，它涵盖音韵学、形态学、句法学、语义学、语用学等核心领域，旨在揭示语言的结构、功能和发展规律。通过研究语言的声音模式、词的构成、句子的组织、意义的表达以及语言在社会互动中的使用，自然语言学为我们提供了深入理解人类沟通方式的窗口。自然语言学不仅关注语言本身的内在特性，还探讨语言如何与认知、文化和社会结构相互作用，为语言学、心理学、人类学、计算机科学等众多领域提供了丰富的理论资源和研究方法。

自然语言学与自然语言处理之间的关系是相辅相成的。自然语言学作为一门理论研究学科，深入探究语言的结构、功能和发展，为理解人类的语言能力打下科学基础；而自然语言处理作为应用技术领域，将这些理论应用于开发算法和系统，使计算机能够执行理解、生成和翻译等语言任务；同时，自然语言处理中的技术创新和应用实践又反过来丰富与扩宽了自然语言学的研究视野，两者在促进语言知识的发展和应用方面形成了一个互动的循环。

自然语言学在自然语言处理中扮演着基础架构和理论支撑的角色，它提供了对语言深层结构、语义和使用方式的深刻理解，这些理解是构建有效自然语言处理系统的关键。通过自然语言学的研究成果，研究者能够设计出更加精准的语言模型，更好地解决诸如词义消歧、句法分析和语用理解等复杂问题，从而推动自然语言理解、生成和交互技术的发展。简言之，自然语言学为自然语言处理提供了丰富的知识资源和理论框架，是自然语言处理技术进步的重要基石。

5.2.2 文本预处理

文本预处理在自然语言处理中扮演着至关重要的角色,它通过清洗、规范化和转换原始文本数据,去除噪声和无关信息,提取有用特征,从而为后续的语言模型训练和文本分析任务打下坚实的基础,确保处理流程的准确性和效率,使得机器能够更有效地理解和处理人类语言。通常来说,文本预处理流程如下。

(1) 文本清洗(cleaning):移除文本中的无关字符和噪声,如 HTML 标签、特殊符号、多余的空格和换行符。

(2) 分词(tokenization):将文本分割成单词、短语或其他有意义的元素,对于中文等语言,这一步骤尤为重要。

(3) 去除停用词(removing stopwords):删除常见但对文本含义贡献不大的词,如"的""和""是"等。

(4) 词干提取(stemming):将单词还原为词根或基本形式,不同词形的单词被转换为统一形式。

(5) 词形归一化(lemmatization):将单词转换为词典中的标准形式,考虑单词的曲折变化。

(6) 小写转换(lowercasing):将所有文本转换为小写,以消除大小写的差异。

(7) 特殊字符处理:处理或删除文本中的标点符号和特殊字符。

(8) 同义词替换或扩展:在某些情况下,替换或扩展同义词以增强文本的一致性。

(9) 词性标注(part-of-speech Tagging):为文本中的每个单词标注词性,如名词、动词等。

(10) 命名实体识别(named entity recognition, NER):识别文本中的特定实体,如人名、地点、组织等。

(11) 存放句法分析:分析句子中词与词之间的依存关系。

(12) 特征提取(feature extraction):将文本转换为适合机器学习模型的数值表示,如词袋模型、TF-IDF、词嵌入等。

(13) 数据集划分:将数据分为训练集、验证集和测试集,以便进行模型训练和评估。

(14) 敏感词处理:根据需要,去除或替换文本中的敏感词汇。

文本预处理流程图如图 5-6 所示。

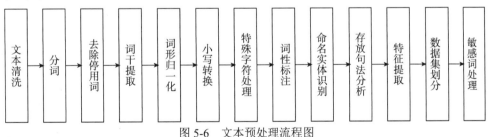

图 5-6 文本预处理流程图

文本预处理是自然语言处理任务成功的基础,它直接影响后续处理步骤的效果和模型的性能。

5.2.3 语言模型

语言模型是自然语言处理中用于预测文本序列的概率分布的统计模型或机器学习模型，它们能够捕捉词汇之间的统计规律和上下文关系。语言模型的核心任务是评估一个句子出现的概率，即在给定前一个或几个词的情况下，预测下一个词出现的可能性。这些模型广泛应用于文本生成、机器翻译、语音识别、拼写检查和自动完成等领域，对提高自然语言理解的准确性和效率具有重要意义。

语言模型可以基于不同的统计方法或机器学习技术构建，以下是一些常见的语言模型类型。

(1) N-gram 模型：最基本的语言模型，它基于统计文本中连续 N 个词(字符)出现的概率。例如，一个 bigram 模型会考虑两个词的组合，而 trigram 模型会考虑三个词的组合。

(2) 马尔可夫模型(markov model)：一种用于描述随机过程的数学模型，它特别适用于处理序列数据或时间序列数据。在自然语言处理中，马尔可夫模型常用于建模文本生成、语言建模、语音识别等任务。

(3) 隐马尔可夫模型(HMM)：一个用于处理具有隐含状态的随机过程的统计模型。它广泛应用于各种领域，如自然语言处理、语音识别、生物信息学等。

(4) 条件随机场(CRF)：一种用于标注和分割序列数据的统计模型。它是一种无向图模型，主要用于处理序列标注任务，如命名实体识别、词性标注、语音识别等。

(5) 神经网络语言模型：近年来在自然语言处理领域取得显著进展的一种语言建模方法。与传统的统计语言模型(如 N-gram 模型)相比，神经网络语言模型利用深度学习技术来捕捉语言中的复杂模式和依赖关系。

(6) Transformer 模型：一种基于自注意力机制的深度学习架构，首次由 Vaswani 等于 2017 年提出。它在自然语言处理领域取得了显著的成功，并且成了许多先进模型的基础，如 BERT、GPT、T5 等。Transformer 模型的核心在于其能够高效地处理序列数据，同时捕捉长距离依赖关系。

(7) BERT(bidirectional encoder representations from transformers)：一种基于 Transformer 的预训练语言模型，由 Google AI 于 2018 年提出。BERT 的核心创新在于其双向编码器和预训练策略，这使得它在许多自然语言处理任务上具有了最先进的性能。

(8) GPT：由 OpenAI 提出的一系列基于 Transformer 的语言模型。GPT 模型的核心思想是利用大规模的文本数据进行预训练，然后在特定任务上进行微调，从而生成连贯的文本、进行问答、文本摘要等多种自然语言处理任务。

(9) ELMo(embeddings from language models)：一种深度学习模型，由 Allen Institute for AI(AI2)于 2018 年提出。ELMo 是基于语言模型的词嵌入方法，能够为自然语言处理任务提供上下文敏感的词嵌入。ELMo 是首个利用双向语言模型(biLM)生成上下文相关词嵌入的模型，相比于传统的词嵌入方法(如 Word2Vec 和 GloVe)，它能够捕捉词汇在不同上下文中的不同语义。

(10) Word2Vec：一种基于神经网络的词嵌入模型，由 Google 的 Tomas Mikolov 及其团队于 2013 年提出。它能够将词汇映射到低维的连续向量空间中，从而捕捉词汇的语义和语法信息。Word2Vec 的主要目标是将每个词转换为一个密集的向量，这些向量能够保留词汇之间的语义关系和相似性。Word2Vec 主要包括两个模型：Skip-gram 模型和 Continuous Bag of Words (CBOW)模型。这两个模型的目的是不同的，但都可以有效地学习词汇的词嵌入。

(11) FastText：Facebook AI Research(FAIR)于 2016 年提出的一种改进版的词嵌入模型，由 Mikolov 等人开发。FastText 在词嵌入生成上建立在 Word2Vec 的基础之上，但在处理词汇和生成词向量时做了一些重要的改进。FastText 的关键创新点在于它考虑了词汇的内部结构(如子词或 n-gram)来生成词嵌入，这使得它在处理稀有词汇和未登录词(OOV)时表现更好。

(12) Seq2Seq(序列到序列)模型：一种用于处理序列到序列任务的神经网络架构。它在自然语言处理和机器翻译等领域取得了显著成功。Seq2Seq 模型的核心思想是将一个输入序列映射到一个输出序列，广泛应用于机器翻译、文本生成、对话系统等任务。

语言模型的用途非常广泛，包括但不限于以下几点。

(1) 文本生成：如聊天机器人、自动写作、文本补全。
(2) 语言理解：如情感分析、文本分类、问答系统。
(3) 机器翻译：将一种语言的文本翻译成另一种语言。
(4) 语音识别：将语音转换为文本。
(5) 文本校正：自动检测和纠正拼写或语法错误。

随着深度学习的发展，基于 Transformer 的模型，特别是 BERT 及其变体，已经成为许多自然语言处理任务的首选模型。这些模型通过在大量文本数据上预训练，能够捕捉丰富的语言特征和上下文信息。

5.2.4 文本分类

文本分类是自然语言处理中的一项基础技术，它涉及将文本数据自动分配到一个或多个预定义的类别中。这个过程通常基于从文本中提取的特征和模式，使用机器学习算法来识别和预测文本的类别。文本分类广泛应用于垃圾邮件识别、情感分析、主题检测、新闻文章归类等领域，帮助实现自动化内容管理、信息检索和决策支持。

1. 文本分类技术应用领域

文本分类技术在多个行业中得到了广泛应用，以下是一些具有代表性的领域。

(1) 金融行业：文本分类被用于分析市场趋势和预测股市动态，帮助金融分析师从新闻报道、社交媒体帖子和财务报告中提取关键信息，做出更明智的投资决策。

(2) 医疗保健：在医疗保健领域，文本分类技术被用于处理病历报告，自动识别疾病模式和病人需求，提高诊断的准确性和效率。

(3) 社交媒体监控：文本分类技术可以监测和分类社交媒体上的帖子，识别涉及突发事件、家庭矛盾、打架斗殴、群体事件等敏感信息，为执法机构提供实时情报支持。

(4) 电信运营商：在电信行业，文本分类技术被应用于智能投诉分类系统，自动识别投诉类型和过滤出与电信业务无关的投诉内容，减轻客服人员的工作压力。

(5) 汽车制造：与汽车厂家合作开发的基于消费者评价的分类系统，能够从由互联网上采集的大量数据中自动识别消费者的观点和情感倾向,帮助制造商优化产品设计。

(6) 执法办公室:文本分类技术结合图像识别和自然语言处理技术,对非结构化数据进行自动分类,提高执法效率并帮助政府更好地管理和响应各类事件。

(7) 档案管理:在档案馆中,文本分类技术用于自动识别和分类不同类型的公文,减少人工分类时间,降低错误率,确保档案的准确性和可检索性。

2. 文本分类的步骤

(1) 数据收集:收集用于训练和测试分类模型的文本数据。

(2) 数据预处理:

① 清洗数据,去除无关字符和噪声。

② 分词,特别是对于中文等语言。

③ 去除停用词,如标点符号、常见连接词等。

④ 词干提取或词形归一化,将单词转换为基本形式。

(3) 特征提取:选择合适的文本表示方法,如词袋模型、TF-IDF、词嵌入等。

(4) 模型选择:选择适合文本分类的算法,如朴素贝叶斯、支持向量机、随机森林、逻辑回归、深度学习模型(如 CNN、RNN)等。

(5) 训练模型:使用训练数据集来训练分类模型,学习文本特征与类别之间的关系。

(6) 模型评估:使用验证集对模型进行评估,调整模型参数(如超参数调优)。

(7) 性能优化:根据评估结果对模型进行优化,可能包括特征工程、模型结构调整、参数调优等。

(8) 测试与验证:在独立的测试集上评估模型性能,确保模型的泛化能力和准确性。

(9) 结果分析:分析模型的分类结果,识别模型的优势和局限性。

(10) 部署应用:将训练好的模型部署到实际应用中,进行实时或批量的文本分类任务。

文本分类处理流程图如图 5-7 所示。

图 5-7 文本分类处理流程图

5.2.5 语义分析与情感分析

语义分析和情感分析是自然语言处理中的两个重要领域,它们分别关注文本的含义和情感倾向。下面是这两个领域的一些基本概念和方法。

1. 语义分析

语义分析旨在理解文本的含义,包括词义、短语和句子的意义。语义分析通常包括以下几个步骤。

(1) 词义消歧(word sense disambiguation, WSD):确定多义词在特定上下文中的具体含义。

(2) 语义角色标注(semantic role labeling, SRL):识别句子中各个成分的语义角色,如施事者、受事者等。

(3) 依存句法分析：分析句子中词与词之间的语义依赖关系。

(4) 语义相似度计算：衡量两个文本或短语在语义上的相似程度。

(5) 知识图谱：构建和利用知识图谱来提供文本的背景知识和语义信息。

语义分析的应用包括机器翻译、问答系统、信息检索等。

2. 情感分析

情感分析，又称情感计算或情感识别，是指识别和分类文本中的情感倾向，通常分为正面、负面或中性。

(1) 情感分析的过程。

① 文本预处理：包括分词、去除停用词、词干提取等。

② 特征提取：使用词袋模型、TF-IDF、词嵌入等方法将文本转换为数值向量。

③ 情感词典：使用预先定义的正面和负面词汇列表来标记文本的情感。

④ 机器学习模型：应用逻辑回归、支持向量机、神经网络等模型进行情感分类。

⑤ 深度学习方法：使用 LSTM、BERT 等深度学习模型来捕捉文本的上下文信息。

⑥ 情感强度分析：除了情感倾向外，还评估情感的强度或程度。

(2) 情感分析的应用场景。

① 产品或服务的在线评价分析，了解用户满意度。

② 社交媒体监控，跟踪公众情绪和舆论。

③ 市场研究，预测产品或品牌的市场表现。

④ 客户反馈分析，以改进产品和服务。

语义分析和情感分析通常需要结合上下文信息和语言的复杂性，因此预训练的语言模型和深度学习方法在这些任务中变得越来越重要。随着技术的发展，这些领域的应用也在不断扩展，为商业智能、用户体验和决策支持提供了强大的工具。

5.2.6 文本生成和对话系统

文本生成和对话系统是自然语言处理领域的两个关键应用。其中，文本生成利用预训练的语言模型来自动创造流畅、符合逻辑的文本内容，适用于撰写新闻、故事、报告等；对话系统则是结合文本生成与自然语言理解技术，实现与人类的交互，通过模拟问答、闲聊或提供信息来增强用户体验，广泛应用于虚拟助手、客户服务和智能设备，旨在提供更加自然、智能的交流方式。

1. 文本生成

文本生成是自然语言处理中的一项技术，它使用算法和模型通过给定的数据或上下文自动创建可读、连贯的文本内容。文本生成技术可以模拟人类的写作风格，生成新闻报道、故事、摘要或任何类型的书面材料。文本生成模型通常基于机器学习，特别是深度学习技术，如 RNN、LSTM 和 Transformer 模型，它们能够捕捉语言的复杂模式和长期依赖关系，从而生成听起来像由人类编写的文本。

(1) 文本生成是自动创建文本的过程，可以用于多种场景，包括但不限于以下几点。

① 创意写作：生成诗歌、故事或小说。
② 新闻文章：自动撰写新闻报道或摘要。
③ 技术文档：生成技术手册或用户指南。
④ 社交媒体：自动发布社交媒体内容。
⑤ 聊天机器人：生成对话回复。
(2) 文本生成的关键技术和方法包括如下几点。
① 基于模板的方法：使用预定义的模板填充信息生成文本。
② 基于统计的方法：利用 N-gram 模型等统计语言模型生成文本。
③ 基于规则的方法：根据特定的语法和语义规则生成文本。
④ 基于深度学习的方法：使用 RNN、LSTM 或 Transformer 等模型生成文本。
⑤ 预训练语言模型：如 GPT、BERT 等，它们能够生成连贯、上下文相关的文本。

2. 对话系统

对话系统，也称聊天机器人或虚拟助手，是一种自然语言处理应用，旨在通过文本或语音与人类用户进行交互。它使用高级算法来理解用户的问题或指令，并生成适当的响应或执行特定的任务。

(1) 对话系统的关键组件和步骤。
① 意图识别：确定用户输入的意图或目的。
② 实体识别：从用户输入中提取关键信息，如时间、地点、人名等。
③ 对话管理：控制对话流程，包括对话状态跟踪和决策制定。
④ 回复生成：根据用户意图和实体生成合适的回复。
⑤ 自然语言理解：理解用户的自然语言输入。
⑥ 自然语言生成：将系统的回答转换为自然语言文本。
(2) 对话系统的关键技术和方法。
① 基于检索的方法：从预定义的回复中检索最合适的答案。
② 基于模板的方法：使用模板和槽位填充生成回复。
③ 基于机器学习的方法：利用分类器和回归模型预测回复。
④ 基于深度学习的方法：使用 Seq2Seq 模型、Transformer 模型等生成回复。
⑤ 端到端对话系统：直接从输入到输出训练模型，无须显式的特征工程。

文本生成和对话系统都依赖对语言的深入理解，包括语法、语义和上下文。随着深度学习技术的发展，这些系统变得更加智能和灵活，能够生成更自然、更准确的文本和回复。此外，这些系统也在不断通过用户交互学习和改进。

5.3 自然语言处理实训练习

为了能够了解和使用自然语言处理，本节设置了一些实验可以使读者初步了解自然语言处理的一些工作方法及效果。本节的实验使用 Anaconda 实现，通过 JupyterLab 直接输入代码运行得到效果。

5.3.1 语料预处理

在自然语言处理中，最典型的文本预处理流程为获取原始文本—分词(有可能需要进行词性标注)—词形归一化—词性标注—去除停用词。

本次实验采用 NLTK 工具进行实践及演示。NLTK 工具(natural language toolkit)是一个 Python 模块，提供了多种语料和词典资源(如 WordNet 等)，以及一系列基本的自然语言处理工具集(包括分句、标记解析、词干提取、词性标注和句法分析等)，是对英文文本数据进行处理的常用工具。

在该实验中，采用 JupyterLab 进行运行与测试。注意：在实验过程中有可能存在找不到相关的语料库、分词模型等情况，可根据报错信息下载相应的模型。

由于实验使用到了 NLTK 工具，我们需要安装 NLTK 工具，可在终端中运行以下命令。

```
pip install nltk
import nltk
# 引用布朗大学的语料库
from nltk.corpus import brown
# 查看语料库包含的类别
print(brown.categories())
# 查看 brown 语料库
print('共有{}个句子'.format(len(brown.sents())))
print('共有{}个单词'.format(len(brown.words())))
```

导入语料库结果如图 5-8 所示。

```
['adventure', 'belles_lettres', 'edit
共有57340个句子
共有1161192个单词
```

图 5-8　导入语料库结果

1. 分词

分词就是将句子拆分成具有语言语义学上意义的词。

(1) 英文分词：单词之间是以空格作为自然分界符的。

(2) 中文分词：jieba 分词工具。

```
sentence = "This is a test, you can change it to show the result."
tokens = nltk.word_tokenize(sentence)
# 需要下载 punkt 分词模型
print(tokens)
import jieba
seg_list = jieba.cut("这里是一个测试，你可以尝试修改这里的语句", cut_all=True)
print("全模式: " + "/ ".join(seg_list))
# 全模式
seg_list = jieba.cut("这里是一个测试，你可以尝试修改这里的语句", cut_all=False)
```

```
print("精确模式: " + "/ ".join(seg_list))
# 精确模式
seg_list = jieba.cut_for_search("这里是一个测试，你可以尝试修改这里的语句")
print("搜索引擎模式: " + "/ ".join(seg_list))
```

分词结果如图 5-9 所示，词语被分割。

```
['This', 'is', 'a', 'test', ',', 'you', 'can', 'change', 'it', 'to', 'show', 'the', 'result', '.']
全模式：这里/ 是/ 一个/ 测试/ ,/ , 你/ 可以/ 尝试/ 修改/ 这里/ 的/ 语句
精确模式：这里/ 是/ 一个/ 测试/ ,/ , 你/ 可以/ 尝试/ 修改/ 这里/ 的/ 语句
搜索引擎模式：这里/ 是/ 一个/ 测试/ ,/ , 你/ 可以/ 尝试/ 修改/ 这里/ 的/ 语句
```

图 5-9 分词结果

(3) jieba.cut()：返回的是一个迭代器。

参数 cut_all 是 bool 类型，默认为 False，即精确模式；当其为 True 时，则为全模式。

① 精确模式：试图将句子最精确地分割开，适合文本分析。

② 全模式：把句子中所有可以成词的词语都扫描出来，速度非常快，但是不能去除歧义。

③ 搜索引擎模式：在精确模式的基础上，对长词再次进行分割，提高召回率，适用于搜索引擎分词。

2. 词形归一化

为了将不同形式的单词归并到同一个词根，可以对单词进行词形归一化。在 Python 中，常用的词形归一化工具是 NLTK 提供的词干提取器和词形还原器。以词干提取器为例，可以使用如下代码进行词干提取：

```
from nltk.stem import PorterStemmer
stemmer = PorterStemmer()
words = ['run', 'running', 'ran', 'runs']
stemmed_words = [stemmer.stem(word) for word in words]
print(stemmed_words)
```

词形归一化实验结果如图 5-10 所示。

```
from nltk.stem import PorterStemmer
stemmer = PorterStemmer()
words = ['run', 'running', 'ran', 'runs']
stemmed_words = [stemmer.stem(word) for word in words]
print(stemmed_words)

['run', 'run', 'ran', 'run']
```

图 5-10 词形归一化实验结果

3. 词性标注

词性标注是自然语言处理中的一项基础任务，它涉及识别文本中每个单词的词性，如名词、动词、形容词等。

```
import nltk
from nltk.tokenize import word_tokenize
```

```
from nltk import pos_tag
# 待标注的文本
text = "Apple is looking at buying U.K. startup for $1 billion"
# 分词
tokens = word_tokenize(text)
# 词性标注
tagged_tokens = pos_tag(tokens)
# 打印每个词及其词性
for word, tag in tagged_tokens:
    print(word, tag)
```

词性标注运行结果如图 5-11 所示，执行后会将词性进行标注。

```
        print(word, tag)
Apple NNP
is VBZ
looking VBG
at IN
buying VBG
U.K. NNP
startup NN
for IN
$ $
1 CD
billion CD
```

图 5-11　词性标注运行结果

4．去除停用词

去除停用词是文本预处理中的一个重要步骤，目的是从文本中删除那些对文本含义贡献不大的常见词，如"的""和""是"等。

```
import nltk
from nltk.corpus import stopwords
from nltk.tokenize import word_tokenize
# 待处理的文本
text = "This is a simple example of text processing."
# 分词
tokens = word_tokenize(text)
# 获取英文停用词列表
stop_words = set(stopwords.words('english'))
# 去除停用词
tokens_without_stopwords = [word for word in tokens if word.lower() not in stop_words]
print(" ".join(tokens_without_stopwords))
```

去除停用词的注意事项如下。

(1) 语言差异：不同语言的停用词可能不同，需要使用适合特定语言的停用词列表。

(2) 上下文依赖性：在某些情况下，停用词可能携带重要的上下文信息，需要根据具体情况决定是否去除。

(3) 自定义停用词：除使用预定义的停用词列表外，还可以根据需要添加自定义的停用词。

```python
import nltk
from nltk.corpus import stopwords
# 首先下载停用词列表
nltk.download('stopwords')
 # 定义停用词集合
stop_words = set(stopwords.words('english'))
 # 假设有一段文本
text = "This is a sample sentence, showing off the stop words filtration."
 # 去除停用词
filtered_text = [word for word in text.split() if word.lower() not in stop_words]
# 输出结果
print(filtered_text)
```

去除停用词实验结果如图 5-12 所示。

```
import nltk
from nltk.corpus import stopwords # 首先下载停用词列表 nltk.download('stopwords') # 定义停用词集
stop_words = set(stopwords.words('english')) # 假设有一段文本
text = "This is a sample sentence, showing off the stop words filtration." # 去除停用词
filtered_text = [word for word in text.split() if word.lower() not in stop_words] # 输出结果
print(filtered_text)

['sample', 'sentence,', 'showing', 'stop', 'words', 'filtration.']
```

图 5-12　去除停用词实验结果

5.3.2　正向最大匹配法和逆向最大匹配法

正向最大匹配法(forward maximum matching)和逆向最大匹配法(backward maximum matching)是中文分词中使用的两种基于词典的匹配方法。这两种方法都依赖预先定义的词典来识别文本中的词汇边界。以下是它们的简要说明。

1. 正向最大匹配法

(1) 定义：从文本的开头开始，每次尽可能多地匹配词典中最长的词。

(2) 过程：逐字读取文本，使用词典检查当前字符及其后续字符能否组成一个词典中存在的词；如果可以，将这个词作为匹配结果，并移动到这个词的末尾，继续匹配剩余的文本。

(3) 特点：倾向于从文本开头到结尾，优先匹配更长的词。

以下为正向最大匹配法实验操作：

```python
def forward_max_matching(text, dictionary):
    words = []  # 分词结果
    index = 0   # 当前读取到的文本位置
    while index < len(text):
        matched = False
        for length in range(len(text) - index + 1, 0, -1):
            # 尝试匹配长度为 length 的词
            word = text[index:index+length]
            if word in dictionary:
                words.append(word)   # 添加匹配到的词
                index += length      # 更新索引位置
```

```
                    matched = True
                    break
        if not matched:
#  如果当前字符无法匹配任何词，则单独作为词元处理
            words.append(text[index])
            index += 1
    return words
#  示例词典
dictionary = {"我","北京","的","天安门","爱" }
#  示例文本
text = "我爱北京天安门的"
#  执行正向最大匹配分词
result = forward_max_matching(text, dictionary)
print(result)
```

正向最大匹配法实验运行结果如图 5-13 所示。

```
#  示例词典
dictionary = {"我","北京","的","天安门","爱" }
#  示例文本
text = "我爱北京天安门的"
#  执行正向最大匹配分词
result = forward_max_matching(text, dictionary)
print(result)

['我', '爱', '北京', '天安门', '的']
```

图 5-13　正向最大匹配法实验运行结果

2. 逆向最大匹配法

(1) 定义：从文本的末尾开始，每次尽可能多地匹配词典中最长的词。

(2) 过程：从文本的最后一个字符开始反向读取，使用词典检查当前字符及其前面的字符能否组成一个词典中存在的词；如果可以，将这个词作为匹配结果，并移动到这个词的开头，继续匹配前面的文本。

(3) 特点：倾向于从文本末尾到开头，优先匹配更长的词。

以下为逆向最大匹配法实验操作：

```
def backward_max_matching(text, dictionary):
    words = []
    text_length = len(text)
    index = text_length
#  从文本末尾开始
    while index > 0:
        matched = False
        for length in range(1, index + 1):
#  从 1 到当前位置的长度
#  尝试匹配长度为 length 的词
            word = text[index-length:index]
            if word in dictionary:
                words.insert(0, word)
#  逆序插入匹配到的词
                index -= length
```

```
            # 更新索引位置
                    matched = True
                    break
        if not matched:
            # 如果当前字符无法匹配任何词，则单独作为词元处理
            index -= 1
            # 由于是逆向，这里不需要插入，因为 index 已经在正确的位置
    return words
# 示例词典
dictionary = {"我","北京","的","天安门","爱" }
# 示例文本
text = "我爱北京天安门的"
# 执行逆向最大匹配分词
result = backward_max_matching(text, dictionary)
print(result)
```

逆向最大匹配法实验运行结果如图 5-14 所示。

```
# 执行逆向最大匹配分词
result = backward_max_matching(text, dictionary)
print(result)
['我', '爱', '北京', '天安门', '的']
```

图 5-14　逆向最大匹配法实验运行结果

5.3.3　隐马尔可夫模型和 Viterbi 算法

1. 隐马尔可夫模型

隐马尔可夫模型(hidden markov model, HMM)是一种统计模型，它用于描述一个包含隐藏未知参数的马尔可夫过程。HMM 能够对一个序列数据集进行概率建模，其中系统的状态不能直接观察到，但可以通过观测到的序列来推断。

隐马尔可夫模型的基本组成如下。

(1) 状态集合(states)：模型中的一系列状态，通常是观测的潜在原因。

(2) 观测集合(observations)：每个状态下可能产生的观测值。

(3) 初始状态概率(initial state probabilities)：模型开始时各个状态的概率。

(4) 状态转移概率(state transition probabilities)：从一个状态转移到另一个状态的概率。

(5) 观测概率(emission probabilities)：在给定状态下生成某个观测值的概率。

2. Viterbi 算法

Viterbi 算法是 HMM 中的一种动态规划算法，用于寻找最有可能产生观测序列的状态序列。

Viterbi 算法的基本步骤如下。

(1) 初始化：为序列的第一个观测值计算每个可能状态的概率。

(2) 递归计算：对于序列中的每个后续观测值，计算通过每个状态到达该观测值的概率，并更新该状态的概率。

(3) 终止：在序列的最后一个观测值处，找出概率最大的路径，回溯以确定整个序列

的最可能状态序列。

以下为实现代码：

```python
import numpy as np
def Viterbi(A, B, PI, V, Q, obs):
    N = len(Q)
    T = len(obs)
    delta = np.array([[0] * N] * T, dtype=np.float64)
    phi = np.array([[0] * N] * T, dtype=np.int64)
    # 初始化
    for i in range(N):
        delta[0, i] = PI[i]*B[i][V.index(obs[0])]
        phi[0, i] = 0
    # 递归计算
    for i in range(1, T):
        for j in range(N):
            tmp = [delta[i-1, k]*A[k][j] for k in range(N)]
            delta[i,j] = max(tmp) * B[j][V.index(obs[i])]
            phi[i,j] = tmp.index(max(tmp))
    # 最终的概率及节点
    P = max(delta[T-1, :])
    I = int(np.argmax(delta[T-1, :]))
    # 最优路径 path
    path = [I]
    for i in reversed(range(1, T)):
        end = path[-1]
        path.append(phi[i, end])
    hidden_states = [Q[i] for i in reversed(path)]
    return P, hidden_states
def main():
    # 状态集合
    Q = ('欢乐谷', '迪士尼', '外滩')
    # 观测集合
    V = ['购物', '不购物']
    # 转移概率: Q -> Q
    A = [[0.8, 0.05, 0.15],
         [0.2, 0.6, 0.2],
         [0.2, 0.3, 0.5]
         ]
    # 发射概率, Q -> V
    B = [[0.1, 0.9],
         [0.8, 0.2],
         [0.3, 0.7]
         ]
    # 初始概率
    PI = [1/3, 1/3, 1/3]
    # 观测序列
    obs = ['不购物', '购物', '购物']
    P, hidden_states = Viterbi(A,B,PI,V,Q,obs)
    print('最大的概率为: %.5f.'%P)
```

```
print('隐藏序列为: %s.'%hidden_states)
main()
```

实现结果如图 5-15 所示。

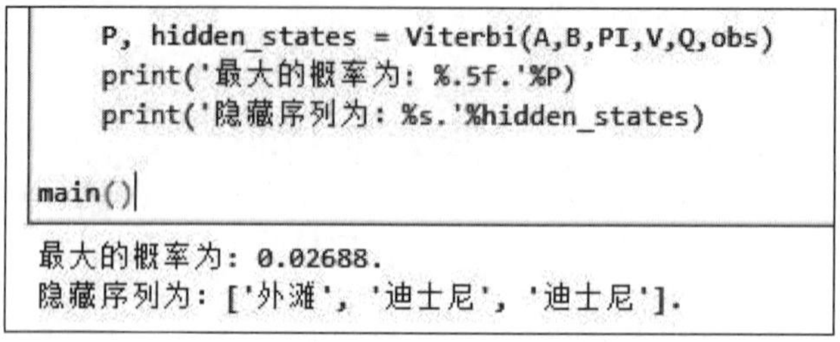

```
P, hidden_states = Viterbi(A,B,PI,V,Q,obs)
print('最大的概率为: %.5f.'%P)
print('隐藏序列为: %s.'%hidden_states)

main()
最大的概率为: 0.02688.
隐藏序列为: ['外滩', '迪士尼', '迪士尼'].
```

图 5-15　实现结果

5.3.4　jieba 分词

jieba 是一个非常流行的中文分词 Python 库，它支持精确模式、全模式和搜索引擎模式三种分词模式。

1. 安装 jieba

首先应确保已经安装了 jieba 库。如果未安装，可以通过以下命令安装。

```
pip install jieba
```

2. 基本使用

```
import jieba
text = "我来到了一个美丽的大草原"
# 待分词的文本
seg_list = jieba.cut(text, cut_all=False)
# 精确模式分词
print("精确模式: " + "/ ".join(seg_list))
# 全模式分词
seg_list = jieba.cut(text, cut_all=True)
print("全模式: " + "/ ".join(seg_list))
seg_list = jieba.cut_for_search(text)
# 搜索引擎模式分词
print("搜索引擎模式: " + "/ ".join(seg_list))
```

jieba 分词运行结果如图 5-16 所示。

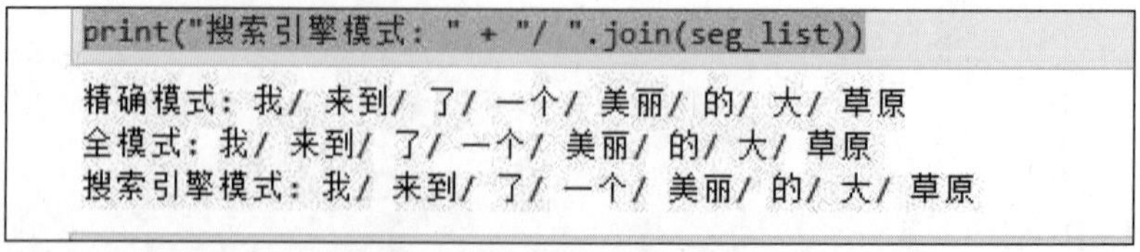

```
print("搜索引擎模式: " + "/ ".join(seg_list))
精确模式: 我/ 来到/ 了/ 一个/ 美丽/ 的/ 大/ 草原
全模式: 我/ 来到/ 了/ 一个/ 美丽/ 的/ 大/ 草原
搜索引擎模式: 我/ 来到/ 了/ 一个/ 美丽/ 的/ 大/ 草原
```

图 5-16　jieba 分词运行结果

3. 添加自定义词典

有时，jieba 的默认词典可能不符合我们的要求，可以添加自定义词典来提高分词的准确性。

```
jieba.load_userdict("userdict.txt")
# 文件路径为自定义词典的路径
# 使用词典添加词汇
jieba.add_word('中英', freq=2000, tag='nz')
# 添加词汇和词性
```

4. 调整词典

jieba 可以通过增加自定义词汇、删除词汇或者调整词频来优化分词结果。

```
jieba.del_word('错误的词汇')
# 删除词汇
jieba.suggest_freq(('中', '英'), True)
# 调整'中英'这个词的频率
```

5. 词性标注

jieba 支持简单的词性标注功能。

```
import jieba.posseg as pseg
text = "我来到了一个美丽的大草原"
words = pseg.cut(text)
for word, flag in words:
    print(f'{word} {flag}')
```

中文词性标注如图 5-17 所示。

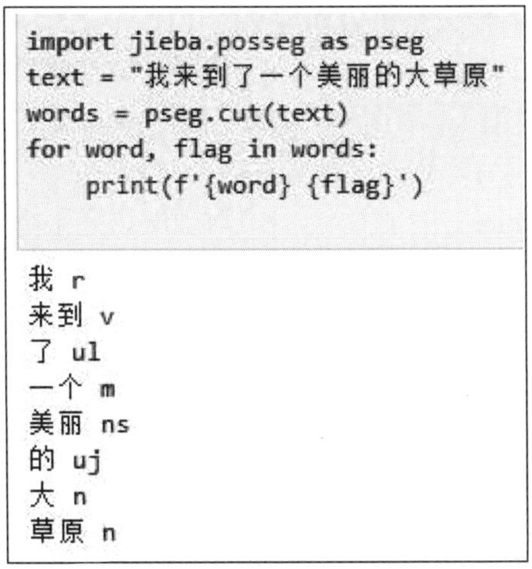

```
import jieba.posseg as pseg
text = "我来到了一个美丽的大草原"
words = pseg.cut(text)
for word, flag in words:
    print(f'{word} {flag}')

我 r
来到 v
了 ul
一个 m
美丽 ns
的 uj
大 n
草原 n
```

图 5-17　中文词性标注

6. 调整词典加载

jieba 可以调整词典的加载方式，如只加载自定义词典。

```
jieba.load_userdict("userdict.txt", load_all=False)
```

5.4 本章小结

(1) 本章主要介绍了自然语言处理的作用以及自然语言处理的发展史。在人工智能领域，自然语言处理为人工智能应用的开发提供了强大的动力。

(2) 本章介绍了自然语言处理的出现及发展史，阐述了自然语言处理技术的艰难发展历程，同时介绍了自然语言处理技术在目前生活中的应用场景。

(3) 本章介绍了自然语言处理需要学习的相关技能，并简单介绍了自然语言处理所需要进行的工作。

(4) 本章通过简单的实验案例，介绍自然语言处理所用到的一些工具以及其实现的效果。

5.5 本章习题

一、单项选择题

1. 在自然语言处理中，什么是语言模型？（　　）
   A. 用于情感分析的模型　　　　　B. 用于实体识别的模型
   C. 用于词嵌入的模型　　　　　　D. 用于生成自然语言文本的模型
2. 在自然语言处理中，什么是语言模型？（　　）
   A. 用于情感分析的模型　　　　　B. 用于生成自然语言文本的模型
   C. 用于词嵌入的模型　　　　　　D. 用于实体识别的模型
3. 什么是停用词？（　　）
   A. 特定领域的术语　　　　　　　B. 对理解语义不重要的词
   C. 语法结构的词　　　　　　　　D. 词汇表中的生僻词
4. 以下哪个任务属于自然语言生成的应用？（　　）
   A. 机器翻译　　　　　　　　　　B. 文本分类
   C. 问答系统　　　　　　　　　　D. 自动写作
5. 在自然语言处理中，词性标注的主要目的是什么？（　　）
   A. 识别文本中的实体　　　　　　B. 识别单词的语法类别
   C. 生成文本摘要　　　　　　　　D. 进行文本情感分析

二、多项选择题

1. 下列选项中，属于自然语言的有（　　）。
   A. 手语　　　　　　　　　　　　B. C语言
   C. 旗语　　　　　　　　　　　　D. 书面语

2. 自然语言处理的两大主要任务是(　　)。
   A. 文本分类　　　　　　　　B. 自然语言理解
   C. 图像识别　　　　　　　　D. 自然语言生成
3. 以下各项属于自然语言处理中的文本预处理步骤的是(　　)。
   A. 分词　　　　　　　　　　B. 去除停用词
   C. 图像识别　　　　　　　　D. 词干提取
4. 在自然语言处理实验中，可以用于分词的工具是(　　)。
   A. NLTK　　　　　　　　　　B. jieba
   C. ffmpeg　　　　　　　　　D. OpenCV
5. 以下用到自然语言处理技术的软件或应用是(　　)。
   A. Google 翻译　　　　　　　B. 小爱同学
   C. Cortana　　　　　　　　　D. ChatGPT

三、判断题
1. 情感分析主要用于分析文本的主题。　　　　　　　　　　　　　(　)
2. 停用词指的是在文本处理中需要去除的常见词。　　　　　　　　(　)
3. 词性标注是对单词进行分类，以识别其词法角色。　　　　　　　(　)
4. 停用词是指在文本处理中通常被忽略的高频词。　　　　　　　　(　)
5. 情感分析技术无法处理非结构化数据。　　　　　　　　　　　　(　)

四、简答题
1. 常用的分词工具有哪些，其作用是什么？
2. 简述文本分类的步骤。
3. 简述自然语言处理技术的应用领域。
4. 文本预处理有哪些步骤，分别有什么作用？
5. 如何安装 NLTK 和 jieba 工具？

第 6 章 计算机视觉

计算机视觉是人工智能领域的一个重要分支，致力于使计算机具备看和理解图像与视频内容的能力。通过模拟人类视觉系统，计算机视觉不仅能够从视觉数据中提取信息，还能对提取的信息进行分类、识别和分析。计算机视觉技术广泛应用于自动驾驶、医疗影像分析、安防监控、工业自动化等多个领域。随着深度学习和大数据技术的发展，计算机视觉的性能得到了显著提升，应用范围得到了显著扩大，正在不断改变人们与世界互动的方式。本章旨在通过一些基础的知识以及实验案例，帮助读者初步了解认知计算机视觉。

6.1 计算机视觉基础

本节主要介绍计算机视觉的有关基础、发展研究的情况，以及计算机视觉与其他学科的交叉结合。

6.1.1 计算机视觉的概念

计算机视觉是一门研究如何使计算机通过分析和理解数字图像或视频来获取信息的科学，其目标是让计算机自动从视觉数据中提取有意义的信息，从而进行理解和决策。简单来说，计算机视觉就像人的眼睛一样，把所见的东西传输给"大脑"，然后让"大脑"进一步思考。与人类视觉系统类似，计算机视觉涉及多个领域的知识，包括图像处理、模式识别、人工智能、机器学习等。

机器视觉系统指的是利用计算机实现人类视觉功能，通过计算机来识别和理解客观的三维世界。当前的理解认为，人类视觉系统的感受部分是视网膜，它是一个三维采样系统。

三维物体的可见部分投影到视网膜上,人们根据投影在视网膜上的二维图像对物体进行三维理解。所谓三维理解,是指对被观察对象的形状、尺寸、其与观察点的距离、质地以及运动特征(包括方向和速度)等的综合理解。

6.1.2 早期计算机视觉的发展与研究

计算机视觉的研究可以追溯到 20 世纪 60—70 年代。最初的研究主要集中在简单的识别与检测任务上,如识别手写数字、检测边缘等基础工作。这些研究主要基于一些基本的图像处理技术,如滤波、边缘检测和区域分割。这些研究在当时受限于计算能力和数据规模,处理的图像数据相对简单,且主要是二维的灰度图像。

随着时间的推移,计算机视觉逐渐从简单的识别任务扩展到更复杂的任务,涵盖了图像分割、纹理分析、运动检测等领域。例如,图像分割是将图像划分为具有相似特征的区域,帮助计算机更好地理解图像的内容;纹理分析可用于识别图像中的重复模式或特征,常用于材料分类和场景识别;运动检测可帮助识别图像或视频中的运动对象,应用于监控系统和自动驾驶。

6.1.3 计算机视觉的多学科融合

20 世纪 80—90 年代,随着科学技术的发展,计算机视觉与数学、统计学的结合越来越紧密,推动了这一领域的进一步发展。研究人员开始使用数学模型来描述图像中的几何和统计特性,开发了更加精确和鲁棒的算法。这一时期,图像处理技术从二维图像处理逐渐向三维图像处理发展。通过立体视觉、结构光、激光扫描等技术,研究人员开始探索如何从二维图像中提取三维信息,实现对物体形状、深度和结构的全面理解。

与此同时,计算机视觉技术开始在工业和医学领域得到广泛应用。在工业领域,机器视觉系统用于产品质量检测、自动化生产线上的物体识别和分拣等任务。这些应用不仅提高了生产效率,还减少了人为误差。在医学领域,计算机视觉被用于医学图像的分析与诊断,如通过 CT、MRI 等医学影像识别肿瘤、血管等病变区域,从而辅助医生进行诊断和治疗。

1. 机器学习与计算机视觉的融合

进入 21 世纪,计算机视觉迎来了一个新的发展阶段。机器学习,特别是深度学习的引入,彻底改变了这一领域。早期的机器学习方法,如支持向量机、k-NN 和决策树等已经在图像分类、目标检测等任务中取得了不错的效果。然而,这些方法依赖手工设计的特征提取方法,无法充分捕捉图像中的复杂模式。

深度学习的出现,特别是 CNN 的出现,使得计算机视觉在处理图像数据时具备了前所未有的能力。通过多层神经网络的训练,深度学习模型可以自动学习图像中的特征,而不再依赖手工设计的特征提取方法。这使得计算机视觉在图像分类、目标检测、图像分割等任务中的性能大幅提升。

例如,深度学习驱动的目标检测算法,如 YOLO(you only look once)和 SSD(single shot multiBox detector),能够在实时视频中精确定位和识别多个对象,广泛应用于自动驾驶和视频监控领域。图像分割任务中,使用 U-Net 等深度学习模型可以实现精细的像素级分割,常用于医学影像分析。

2. 计算机视觉的未来展望

展望未来,计算机视觉的发展将继续与机器学习深度融合,并向更加智能化和自动化的方向发展。随着深度学习模型的不断优化和硬件计算能力的提升,计算机视觉技术将在更多的实际应用场景中发挥作用。

未来计算机视觉可能会在边缘计算领域扮演更重要的角色。边缘设备(如智能摄像头、无人机、机器人等)将利用计算机视觉技术在本地实时处理图像和视频数据,减少数据传输的延迟,提高处理效率。这将使得计算机视觉在自动驾驶、无人机导航、智能家居等领域的应用更加智能和高效。

此外,计算机视觉技术还将与其他新兴技术(如 5G、物联网)、增强现实(AR)等进一步融合。结合 5G 网络的低延时特性,计算机视觉系统可以在云端与边缘设备之间无缝协作,实现更强大的实时视觉分析功能。在增强现实领域,计算机视觉技术可以用于实时识别和跟踪现实世界中的物体,为用户提供更加沉浸的增强现实体验。

当下,计算机视觉作为一门交叉学科,正在以惊人的速度发展,并在多个领域发挥越来越重要的作用。未来,随着技术的不断进步,计算机视觉将继续推动各行业的创新和进步。

6.2 计算机视觉原理

本节主要介绍了 OpenCV(open source computer vision library)与机器学习之间的关系,以及计算机视觉基本原理,包括图像获取、图像预处理、特征提取、图像分类、物体检测等内容,并且通过例子让读者更好地掌握计算机视觉的原理。

6.2.1 OpenCV 与机器学习之间的关系

OpenCV 是一个强大的开源计算机视觉库,提供了丰富的图像处理、视频分析和计算机视觉功能。自从 1999 年由英特尔公司开发并发布以来,OpenCV 已经成为计算机视觉领域的事实标准工具,广泛应用于学术研究、工业、机器人、自动驾驶等多个领域。与之密切相关的是机器学习技术,特别是在过去十年中,随着深度学习的兴起,机器学习与计算机视觉的结合变得更加紧密。下面将探讨 OpenCV 与机器学习之间的关系,阐述两者如何协同工作以解决各种计算机视觉问题。

1. OpenCV 中的传统机器学习方法

OpenCV 最初的版本主要支持传统的机器学习算法,如支持向量机、k-NN、决策树和随机森林等。这些算法被广泛用于各种计算机视觉任务,如目标检测、图像分类和对象跟踪。

(1) 支持向量机。支持向量机是一个经典的监督学习算法,尤其擅长处理二分类问题。

在计算机视觉中，支持向量机常被用于图像分类任务。OpenCV 提供了对支持向量机的全面支持，用户可以使用 OpenCV 对图像进行特征提取，然后通过支持向量机进行分类。

(2) k-NN。k-NN 算法是一种简单而有效的分类算法，特别适用于模式识别问题。在 OpenCV 中，k-NN 被广泛用于人脸识别、手写数字识别等任务。由于 k-NN 易于实现且计算量小，其成为许多视觉应用的首选方法。

(3) 决策树与随机森林。决策树是一种基于树结构的分类和回归方法，而随机森林则是由多棵决策树组成的集成学习方法。OpenCV 为这两种算法提供了丰富的工具，可以用于图像分类、目标检测等任务。特别是在处理复杂的多类别分类问题时，随机森林显示出了强大的性能。

这些传统的机器学习算法在 OpenCV 中得到了广泛应用，并为许多计算机视觉任务提供了有效的解决方案。然而，随着数据规模的增长和深度学习的崛起，传统机器学习方法在处理复杂的图像和视频数据时的局限性也逐渐显现出来。

2. OpenCV 与深度学习的融合

21 世纪初，深度学习，特别是 CNN，在计算机视觉领域引发了革命。深度学习能够自动提取复杂的图像特征，大大提升了图像分类、目标检测和图像分割等任务的精度。OpenCV 迅速适应了这一趋势，开始集成和支持各种深度学习框架和模型。

(1) DNN 模块。为了更好地支持深度学习，OpenCV 在其 4.x 版本中引入了 DNN 模块。该模块支持加载和运行由 Caffe、TensorFlow、PyTorch 等主流深度学习框架训练的模型。用户可以在 OpenCV 中直接加载预训练模型，利用其完成图像分类、目标检测、人脸识别等任务。

(2) 预训练模型的支持。OpenCV DNN 模块支持多种经典的预训练模型，如 ResNet、MobileNet、YOLO、SSD 等。这些模型能够在移动设备、嵌入式系统等资源受限的环境中高效运行，为边缘计算提供了可能。例如，使用 YOLO 和 SSD 可以在视频流中实时检测对象，这两种深度学习模型广泛应用于智能监控和自动驾驶领域。

(3) 与深度学习框架的兼容性。OpenCV 与多个主流深度学习框架兼容，这使得用户可以在这些框架中训练模型，然后通过 OpenCV 进行推理和部署。例如，用户可以在 TensorFlow 中训练一个用于图像分类的 CNN 模型，然后将其转换为 OpenCV 支持的格式，通过 DNN 模块进行推理。这样的兼容性极大地简化了模型的开发和部署过程。

3. 特征提取与机器学习的结合

在传统的计算机视觉任务中，特征提取是一个关键步骤，它直接影响后续机器学习算法的效果。OpenCV 提供了丰富的特征提取工具，如 HOG(histogram of oriented gradients) 特征、尺度不变特征变换(scale-invariant feature transform，SIFT)、加速键特征(speeded-up robust features，SURE)等，这些特征提取工具可用于描述图像中的局部特征。

(1) HOG 特征与支持向量机结合。HOG 特征是一种用于对象检测的特征描述子，它通过计算图像中每个像素点的梯度方向直方图来描述图像的局部纹理特征。在 OpenCV 中，HOG 特征常与支持向量机结合使用，用于检测行人、车辆等目标。例如，在自动驾驶中，HOG-SVM 方法可以用于实时检测道路上的行人，保障行车安全。

(2) SIFT 与 SURF 特征在匹配中的应用。SIFT 和 SURF 是两种经典的局部特征描述子，具有尺度不变性和旋转不变性，广泛应用于图像配准、对象识别和图像拼接等任务。OpenCV 提供了对这两种特征的支持，用户可以利用它们在不同图像之间找到相似的关键点，并通过这些关键点实现精确的图像匹配。这种方法在构建全景图像、3D 重建等应用中尤为重要。

4. OpenCV 在实际应用中的机器学习实践

OpenCV 的强大功能不局限于学术研究，还在工业界有着广泛的应用。机器学习与 OpenCV 结合使用，赋予了许多实际应用强大的视觉能力。

(1) 自动驾驶。在自动驾驶系统中，计算机视觉扮演着至关重要的角色。OpenCV 被用于处理来自摄像头的实时视频流，结合机器学习算法，实现车道检测、行人识别、交通标志识别等功能。通过深度学习模型，如 YOLO 和 SSD，可以在道路环境中准确检测车辆和行人，提供安全的驾驶辅助系统。

(2) 人脸识别。人脸识别是另一种典型的计算机视觉应用。在 OpenCV 中，传统的人脸识别方法(如 Eigenfaces、Fisherfaces 等)以及现代的深度学习方法(如 FaceNet)都可以轻松实现。通过 OpenCV 的 DNN 模块，用户可以加载预训练的深度学习模型，实现高精度的人脸识别和人脸验证，广泛应用于安防监控、考勤等领域。

(3) 医疗图像分析。在医疗领域，OpenCV 与机器学习的结合也发挥了重要作用。例如，在医学影像的自动分析中，深度学习模型可以帮助检测癌症、肿瘤等病变区域。OpenCV 提供的图像处理工具，如图像增强、边缘检测等，可以预处理医疗图像，为后续的机器学习算法提供更清晰的图像数据，从而提高诊断的准确性。

5. OpenCV 与机器学习未来发展的展望

随着计算机视觉和机器学习技术的不断发展，OpenCV 作为一个开源工具库，必将在未来继续发挥重要作用。展望未来，OpenCV 与机器学习的结合将更加紧密，尤其是在深度学习模型的优化与部署方面，OpenCV 可能会扮演更为重要的角色。

(1) 自动化与智能化。未来，OpenCV 可能会进一步发展其自动化与智能化功能。例如，通过集成更多的自动特征选择和模型优化工具，使得非专业用户也能轻松应用机器学习技术解决视觉问题。此外，OpenCV 有望增加对更多深度学习模型的支持，包括更先进的神经网络架构和更高效的推理引擎。

(2) 边缘计算与实时处理。随着边缘计算的普及，OpenCV 在资源受限的设备上的应用将更加广泛。未来，OpenCV 可能会进一步优化其算法，以支持更高效的实时处理，并与边缘设备(如智能摄像头、无人机、机器人等)深度结合，实现更快速、更准确的视觉感知与决策。

(3) 与新兴技术的融合。OpenCV 还可能与其他新兴技术(如 5G、物联网、增强现实等)进一步融合，为未来的智能应用提供更加丰富的视觉感知能力。例如，结合 5G 网络的低延时特性，OpenCV 可以在云端与边缘设备之间无缝协作，实现更强大的实时视觉分析功能。

总的来说，OpenCV 与机器学习的结合极大地推动了计算机视觉的发展，并在多个领域取得了显著成就。未来，随着技术的不断进步，OpenCV 将继续发挥其强大的功能，与机器学习协同工作，解决更多复杂的问题。

6.2.2 计算机视觉处理流程

无论是人类还是计算机，对于视觉的识别，都具有一定的原理。目前来说，人工智能的发展方向还是基于对人类的模仿，通过不断地对计算机数据集进行训练、深度学习，不断地对模型进行优化，才能够获得我们所需要的功能。

计算机视觉主要是围绕着图像进行的，所以开始我们便需要获取图像。获取图像的方式一般主要分为两种：第一种是直接读取计算机存储设备所存储的图片或者视频进行处理，第二种是利用图像传感器实时读取图像画面再对画面进行处理。目前图像传感器一般分为CCD传感器和CMOS传感器两种。通过这两种传感器，对检测目标的图片信息进行读取，然后将读取的图片信息转化为数字信号进行处理，处理顺序如下。

1. 图像获取

利用传感器识别或读取计算机存储设备所需要读取的目标，代码以及解释如下。

```python
import cv2
# 读取图像
image_path = 'D:\\1.jpg'
# 替换为你的图片路径
image = cv2.imread(image_path)
# 检查图像是否正确加载
if image is None:
    print("Error: Could not load image.")
else:
    # 创建一个可调整大小的窗口
    cv2.namedWindow('Resized Image', cv2.WINDOW_NORMAL)
    # 手动调整窗口大小 (宽度, 高度)
    cv2.resizeWindow('Resized Image', 600, 400)
    # 显示图像
    cv2.imshow('Resized Image', image)
    # 等待按键事件，按任意键退出
    cv2.waitKey(0)
    # 关闭显示窗口
    cv2.destroyAllWindows()
```

图像获取结果如图6-1所示。

2. 图像预处理

(1) 灰度化。图像预处理中的灰度化是指将彩色图像转换为灰度图像的过程。这一过程在计算机视觉和图像处理领域非常常见，因为灰度图像只包含亮度信息而没有颜色信息，这使得后续的处理和计算更加简单和高效。

图 6-1 图像获取结果

灰度化的常用方法有以下几种。

① 平均法：将图像三种颜色(红、绿、蓝)三个通道的值取平均值，即

$$\text{Gray} = \frac{R+G+B}{3} \tag{6-1}$$

② 最大值法：取三个通道中的最大值作为灰度值：

$$\text{Gray} = \max(R,G,B) \tag{6-2}$$

③ 最小值法：取三个通道中的最小值作为灰度值：

$$\text{Gray} = \min(R,G,B) \tag{6-3}$$

④ 仅使用一个通道：直接使用红或绿或蓝通道的值作为灰度值。例如，只使用蓝通道：

$$\text{Gray} = B \tag{6-4}$$

(2) 噪声去除。图像预处理中的噪声去除是一项重要的任务，它有助于提升图像质量和后续处理的效果。噪声可能是由图像获取设备、传输过程或存储引起的不良影响。常见的噪声类型包括高斯噪声、椒盐噪声等。以下是一些常见的图像噪声去除方法。

① 平滑滤波器：

a. 均值滤波。均值滤波计算每个像素周围像素的平均值，并用这个平均值来替换原来的像素值。它特别适用于处理轻度的高斯噪声，能够有效地平滑图像，减少噪点。

b. 高斯滤波。高斯滤波利用高斯函数计算出的权重替代中心像素周围的像素值。这种方法对于高斯噪声有很好的处理效果，能够保留图像的边缘信息，同时去除噪声。

② 中值滤波：一种非常有效的去噪方法，它将每个像素的值替换为其周围像素值的中

位数。这种方法对于椒盐噪声(图像中随机出现的明亮或黑暗像素)的处理效果特别好,能够在去除噪声的同时,保持图像的细节和边缘信息。

③ 非局部均值去噪:一种高级的去噪技术,基于图像中相似像素块的平均值来估计噪声,并去除它。非局部均值去噪适用于处理复杂的噪声和具有丰富纹理的图像,能够在去除噪声的同时,很好地保留图像的细节和特征。

```python
import cv2
import numpy as np
# 读取图像
image_path = 'D:\\1.jpg'
image = cv2.imread(image_path)
# 检查图像是否正确加载
if image is None:
    print(f"Error: Could not load image at {image_path}. Please check the path.")
else:
    # 1. 调整图像尺寸 (例如,缩小到原始大小的 50%)
    scale_percent = 12.5
    # 缩小到 12.5%
    width = int(image.shape[1] * scale_percent / 100)
    height = int(image.shape[0] * scale_percent / 100)
    dim = (width, height)

    # 使用 cv2.resize 缩小图像
    resized_image = cv2.resize(image, dim, interpolation=cv2.INTER_AREA)

    # 2. 图像灰度化 (使用平均法)
    gray_image = cv2.cvtColor(resized_image, cv2.COLOR_BGR2GRAY)
    # 3. 模拟噪声(仅作演示)
    noisy_image = gray_image.copy()
    noise = np.random.randint(0, 50, (gray_image.shape[0], gray_image.shape[1]), dtype='uint8')
    noisy_image = cv2.add(gray_image, noise)

    # 4. 噪声去除 (使用高斯滤波)
    denoised_image = cv2.GaussianBlur(noisy_image, (5, 5), 0)
    # 显示原图、灰度图、有噪声图和去噪图像
    cv2.imshow('Resized Image', resized_image)
    cv2.imshow('Gray Image', gray_image)
    cv2.imshow('Noisy Image', noisy_image)
    cv2.imshow('Denoised Image', denoised_image)
    # 等待按键事件,按任意键退出
    cv2.waitKey(0)
    # 关闭所有窗口
    cv2.destroyAllWindows()
```

图像预处理原图、灰度图、噪声图、去噪声图如图 6-2~图 6-5 所示。

图 6-2　图像预处理原图

图 6-3　图像预处理灰度图

图 6-4　图像预处理噪声图

图 6-5　图像预处理去噪声图

3．特征提取

传统的特征提取方法包括多种技术，它们各自擅长提取不同类型的图像信息。例如，边缘检测算法(如 Canny 和 Sobel)可以提取图像中的边缘信息，帮助识别物体的轮廓。角点检测方法(如 Harris 角点检测和 Shi-Tomasi 角点检测)则用于检测图像中的角点，这些角点通常代表图像中的显著特征点。在纹理特征提取方面，灰度共生矩阵(GLCM)和局部二值模式(LBP)可以有效描述图像的纹理特征。此外，SIFT 能够提取图像中的关键点及其局部描述子，具有很好的尺度和旋转不变性；而 SURF 则是一种更快速且鲁棒的局部特征描述子。另外，霍夫变换常用于检测特定的几何形状(如直线和圆形)，在形状识别中有广泛应用。这些传统方法为图像特征的提取提供了丰富的工具和策略。

(1) 深度学习特征提取方法。

① CNN：通过多层卷积和池化操作，自动提取图像的层级特征。

② VGG：具有深层的卷积网络，可以提取图像的细粒度特征。

③ ResNet：通过残差连接解决深层网络中的梯度消失问题。

④ Inception：通过多尺度卷积操作，提高特征提取的效果。

⑤ 自编码器：通过将图像编码成低维特征，再解码重建图像，提取图像的潜在特征。

⑥ 区域卷积神经网络(reqion-bused CNN，R-CNN)：用于目标检测，通过候选区域提取特征并进行分类。

⑦ GAN：用于生成图像，同时可以提取图像的特征用于其他任务。

(2) 特征提取应用场景。

① 图像分类：识别图像所属的类别。

② 目标检测：在图像中定位并标注出特定目标。

③ 图像分割：将图像划分为若干个有意义的区域。

④ 人脸识别：提取人脸特征进行身份验证。

⑤ 图像检索：根据图像内容进行相似图像的检索。

特征提取是计算机视觉中的关键步骤，选择合适的特征提取方法可以显著提高后续任务的性能。

4. 图像分类

图像分类的目标是将输入的图像归类到一个预定义的类别中。以下是一些常见的方法。

(1) 传统方法。

① 手工特征提取：使用 SIFT、SURF、HOG 等方法提取图像特征，再使用分类算法(如支持向量机、k-NN)进行分类。

② 特征工程：根据具体任务和数据集设计特定的特征。

(2) 深度学习方法。深度学习方法中的 CNN 通过层级结构自动提取特征并进行分类，广泛应用于计算机视觉领域。

常用的 CNN 网络架构包括：①LeNet，最早用于手写数字识别；②AlexNet，第一个在 ImageNet 比赛中取得显著成功的深度 CNN；③VGG，以深层的卷积网络著称，采用 3×3 的卷积核；④ResNet，通过引入残差连接，成功解决了深层网络中的梯度消失问题；⑤Inception，通过多尺度卷积提升了网络的表现力。这些架构的创新推动了深度学习在图像处理中的快速发展。

(3) 迁移学习。使用在大型数据集(如 ImageNet)上预训练的模型，在特定任务上进行微调。

在计算机视觉项目的实践中，尤其是在处理图像识别或分类任务中，一系列精心设计的步骤对于提升模型性能至关重要。下面对这些步骤以更加流畅和自然的方式展开阐述。

① 数据预处理：数据预处理是任何机器学习项目不可或缺的第一步，对于图像数据而言尤为重要。首先，通过图像缩放技术，我们确保所有输入图像具有统一的尺寸，这是模型训练的前提条件。其次，归一化处理将图像的像素值映射到一个标准范围(如 0 到 1 之间)，有助于加速模型训练过程并提升收敛效果。最后，采取数据增强策略，如随机旋转、裁剪、调整亮度和对比度等，不仅丰富了训练数据集的多样性，还有效提高了模型的泛化能力，使模型能够更好地应对实际应用中的变化。

② 模型选择与训练：在数据准备就绪后，选择合适的模型架构成了关键。这一步依赖于对问题性质的深入理解以及对现有模型性能的评估。深度学习框架中，CNN 因其在图像识别领域的卓越表现而广受欢迎。选定模型后，便需要在训练集上进行训练，通过前向传播计算预测值，随后利用反向传播算法调整模型参数，以最小化预测误差。这一过程迭代进行，直至模型在训练集上达到预设的收敛标准。

③ 模型评估：为了验证模型的泛化能力，即其在未见过的数据上的表现，我们采用验证集和测试集进行评估。验证集用于在训练过程中监控模型性能，防止过拟合，并指导模型选择的决策。而测试集则作为最终评估的基准，提供对模型性能的客观度量。通过准确率、召回率、F1 分数等指标，我们可以全面评估模型在各类任务上的表现，从而了解其优缺点。

④ 模型优化：面对模型性能的提升需求，模型优化成了必不可少的环节。通过细致调整超参数(如学习率、批处理大小、训练轮次等)，我们可以进一步挖掘模型的潜力。同时，正则化方法(如 L1/L2 正则化、Dropout 等)能够有效缓解过拟合问题，提升模型的泛化能力。此外，采用集成学习方法或探索更先进的模型架构也是提升模型性能的有效途径。在这一过程中，持续的实验与反思，以及对结果的深入分析，是推动模型不断优化的关键。

5. 物体检测

物体检测的目标是在图像中找到并标注出所有目标物体的位置和类别，常见的方法包括：

(1) 传统方法。

① 滑动窗口法：在不同尺度和位置滑动窗口，提取区域特征并进行分类。

② 选择性搜索：生成候选区域，再进行特征提取和分类。

(2) 深度学习方法。

① 区域卷积神经网络(R-CNN)系列。

RCNN：使用选择性搜索生成候选区域，逐个区域进行特征提取和分类。

FastRCNN：引入 RoI 池化层，提高计算效率。

FasterRCNN：引入区域建议网络(RPN)，进一步提升检测速度。

② 单阶段检测器。

YOLO：将检测问题转化为回归问题，实现实时检测。

SSD：在不同尺度上检测物体，兼顾精度和速度。

(3) 其他方法。

RetinaNet：引入焦点损失函数，平衡正负样本的影响。

(4) 实现步骤。

① 数据标注：使用工具对图像中的目标进行标注(边界框和类别)。

② 数据预处理：图像缩放、归一化、数据增强等。

③ 模型选择与训练：选择合适的检测器，在标注数据上进行训练。

④ 模型评估：使用验证集和测试集评估模型性能。

⑤ 模型优化：通过调整超参数、使用多尺度训练等优化模型。

(5) 应用场景。

① 图像分类：用于物体识别、场景分类、人脸识别等。

② 物体检测：用于自动驾驶、视频监控、安防系统、医学影像分析等。

图像分类和物体检测是计算机视觉中的基本任务，选择合适的方法和技术可以显著提高应用的准确性和效率。

例 6-1：图像分类与物体检测

图 6-6 为计算机视觉应用的一个典型例子，用于图像分类和物体检测任务。

图 6-6 白色的狗

1. 图像分类

在图像分类任务中，计算机视觉系统的目标是根据图像的内容将其归类。例如，图 6-6 中有一只狗，计算机视觉算法可以通过训练大量包含狗的图像数据来识别出这是一张狗的图片。

过程：首先，图像被输入预训练的深度学习模型(如 CNN)，模型会提取图像的特征并将其与已知类别的特征进行比较(如狗、猫、汽车等)。最终，模型会输出一个概率分布，表示图像属于某个类别的可能性。

应用场景：图像分类被广泛应用于宠物识别、动物分类、社交媒体自动标注等领域。

2. 物体检测

除了图像分类，计算机视觉还可以用于物体检测任务。在物体检测中，系统不仅要识别出图像中包含的物体，还要确定物体在图像中的位置。例如，图 6-6 中的计算机视觉系统可以识别出这是一只狗，并为狗标记出一个边框。

过程：物体检测模型(如 YOLO、Faster R-CNN 等)会扫描整张图片，并预测每个区域是否包含某个物体，同时生成该物体的边界框和标签。在这种情况下，模型可以识别出狗并在图像中给出其确切位置。

应用场景：物体检测可用于自动驾驶汽车中的行人检测、安全监控系统中的物体识别等。

3. 代码示例

以下是一个简单的计算机视觉实操代码示例，它使用 Python 和 OpenCV 库来进行图像的读取和基本的处理，并利用一个预训练的 CNN 模型(如 ResNet50)对图像进行分类。

需要环境：Pycharm 编译器、Opencv 库、TensorFlow 等。

使用 OpenCV 读取图像，并使用 TensorFlow 中的预训练模型进行分类。

```
import cv2
import numpy as np
```

```python
import tensorflow as tf
from tensorflow.keras.applications.resnet50 import ResNet50, preprocess_input, decode_predictions
# 加载图片
image_path = 'C:\DSC_4963.JPG'
# 替换为你的图片路径
image = cv2.imread(image_path)
# 检查图片是否正确加载
if image is None:
    print("Error: Could not load image.")
else:
    # 调整图像大小以适应 ResNet50 输入要求
    image_resized = cv2.resize(image, (224, 224))
    # 将图片转换为适合模型输入的格式
    image_array = np.array(image_resized)
    image_array = np.expand_dims(image_array, axis=0)
    image_array = preprocess_input(image_array)
    # 预处理图像以符合模型要求
    # 加载预训练的 ResNet50 模型
    model = ResNet50(weights='imagenet')
    # 进行预测
    predictions = model.predict(image_array)
    # 解析预测结果
    labels = decode_predictions(predictions, top=3)
    # 返回前 3 个预测标签
    print("Predicted Labels:")
    for (imagenet_id, label, score) in labels[0]:
        print(f"{label}: {score * 100:.2f}%")
    # 显示图像
    cv2.imshow('Input Image', image)
    cv2.waitKey(0)
    cv2.destroyAllWindows()
```

4. 代码解释

(1) 图像读取与调整。使用 cv2.imread 加载图片文件,并使用 cv2.resize 将图片调整为模型需要的输入尺寸(ResNet50 模型要求输入尺寸为 224 像素×224 像素)。

(2) 图像预处理。使用 preprocess_input 函数对图像进行预处理,这个函数会按照 ResNet50 的要求进行归一化和格式调整。

(3) 加载模型并进行预测。

① 使用 ResNet50 加载预训练的模型。模型已经在 ImageNet 数据集上进行过训练,所以它能识别大约 1000 类常见的物体(包括动物、车辆、工具等)。

② 对图片输入模型进行预测,并使用 decode_predictions 函数将模型的输出转化为可读的标签和概率。

5. 显示结果

输出模型的预测结果,展示前 3 个预测的类别和它们的置信度。

使用 cv2.imshow 显示图像窗口,可以在窗口中查看加载的原始图像,如图 6-7 所示。

图 6-7 例 6-1 计算结果

由图 6-7 可以得出相似度计算结果：大白熊犬(great-pyrenees)为 42.68%、爱斯基摩犬(eskimo-dog)为 16.4%、萨摩耶(samoyed)为 16.34%。如果要进一步计算，就需要提供更多的照片进行二次计算。计算机视觉也受多重因素影响，如照片的清晰度、白平衡、后期、滤镜等。

该例展示了如何使用计算机视觉技术加载、预处理图像，并通过预训练的深度学习模型对图像进行分类。这种方法可以扩展到物体检测、图像分割等复杂的任务。

6.3 深度学习在计算机视觉中的应用

深度学习作为人工智能的一个重要分支，近年来在计算机视觉领域取得了显著的发展。深度学习通过模拟人脑的神经网络结构，能够有效处理复杂的视觉任务，如图像分类、物体检测、图像分割等。本节将详细探讨深度学习在计算机视觉中的应用，包括其基本原理、关键技术和典型应用场景等。

6.3.1 深度学习的基本原理

深度学习依赖于 DNN，其中最常见的是 CNN。CNN 通过层级结构逐层提取图像特征，从而实现对图像的理解和处理。典型的 CNN 结构包括卷积层、池化层和全连接层。

1. 卷积层

卷积层负责提取图像的局部特征，通过卷积核(滤波器)对图像进行滑动窗口操作，提取边缘、纹理等低级特征。

2. 池化层

池化层用于降低特征图的维度，减少计算量和参数，同时保留重要的特征信息。

3. 连接层

连接层负责将提取的特征进行分类或回归，用于最终的输出。

6.3.2 深度学习在图像分类中的应用

图像分类是计算机视觉的基础任务之一，其目标是将输入图像分类到预定义的类别中。深度学习中的 CNN 在图像分类中表现出了卓越的性能。例如，AlexNet、VGGNet、

ResNet 等深度学习模型在 ImageNet 大规模视觉识别挑战赛中取得了显著成绩。

1. AlexNet

AlexNet：由 Krizhevsky 等在 2012 年提出，首次在 ImageNet 大规模视觉识别挑战赛中大幅度超越传统方法，引发了深度学习热潮。AlexNet 通过引入 ReLU 激活函数、Dropout 正则化和数据增强技术，有效缓解了过拟合问题。

2. VGGNet

VGGNet 由 Simonyan 和 Zisserman 提出，其网络结构简单而深层，通过使用 3×3 的卷积核堆叠，显著提高了模型的表现。

3. ResNet

ResNet 由 He 等提出，通过引入残差连接解决了深层网络中的梯度消失问题，使得网络深度可以扩展到数百层。

6.3.3 深度学习在物体检测中的应用

物体检测不仅需要识别图像中的物体类别，还需要确定其位置。深度学习模型在物体检测任务中也取得了重大突破，典型的方法如下。

1. R-CNN

R-CNN 由 Girshick 等提出，包括 Selective Search、Fast R-CNN 和 Faster R-CNN。R-CNN 通过选择候选区域，并在每个区域内进行分类和边界框回归，实现了精确的物体检测。

2. YOLO

YOLO 由 Redmon 等提出，是一种实时物体检测算法。YOLO 将物体检测任务转化为单次回归问题，大幅提高了检测速度。

3. SSD

SSD 由 Liu 等提出，结合了 YOLO 的速度优势和 Faster R-CNN 的精度优势，通过在不同尺度上进行预测，实现了多尺度的物体检测。

6.3.4 深度学习在图像分割中的应用

图像分割旨在将图像划分为具有语义意义的区域，是计算机视觉中的关键任务。深度学习模型在图像分割中表现优异，典型的方法如下。

1. 全卷积网络

全卷积网络(fully convolutional networks，FCN)由 Long 等提出，通过将全连接层替换为卷积层，使得网络可以接受任意尺寸的输入图像，并输出与输入图像尺寸相同的特征图。

2. U-Net

U-Net 由 Ronneberger 等提出，最初用于生物医学图像分割。U-Net 通过对称的编码器-解码器结构和跳跃连接，实现了精确的像素级分割。

3. Mask R-CNN

Mask R-CNN 由 He 等提出，是在 Faster R-CNN 的基础上发展而来的方法。Mask R-CNN 在物体检测的同时，增加了一个分支，用于预测每个目标的分割掩码，实现了实例分割。

6.3.5 深度学习在其他视觉任务中的应用

深度学习在计算机视觉中的应用不限于上述任务，还包括以下几个方面。

1. 图像生成

GAN 由 Goodfellow 等提出，通过生成器和判别器的对抗训练，可以生成逼真的图像。GAN 在图像生成、风格迁移、图像超分辨率等方面有广泛应用。

2. 人脸识别

通过深度学习模型，可以实现高精度的人脸识别，如 DeepFace、FaceNet 等。深度学习在面部特征提取和匹配方面表现优异，广泛应用于安防和社交媒体等领域。

3. 姿态估计

用于检测图像或视频中人体关键点的位置，深度学习方法(如 OpenPose、HRNet 等)实现了高精度的人体姿态估计，应用于体育分析、行为识别等领域。

4. 自动驾驶

深度学习在自动驾驶中的应用包括车道检测、行人检测、交通标志识别等。通过多任务学习和多传感器融合，深度学习模型可以提高自动驾驶系统的感知能力和安全性。

6.3.6 深度学习在计算机视觉中的挑战和未来发展方向

1. 挑战

尽管深度学习在计算机视觉中取得了显著成就，但仍面临一些挑战。

(1) 数据依赖。深度学习模型通常需要大量标注数据进行训练，获取和标注数据成本高昂。

(2) 计算资源。训练深度学习模型需要大量计算资源，尤其是高性能 GPU 的支持，这限制了其在资源受限环境中的应用。

(3) 泛化能力。深度学习模型虽在特定任务上表现优异，但在不同任务和数据集上的泛化能力仍需提高。

2. 未来方向

未来，深度学习在计算机视觉中的发展可能会集中在以下几个方面。

(1) 自监督学习。通过利用未标注数据进行训练，减少对大量标注数据的依赖。

(2) 轻量级模型。开发计算效率高、存储需求低的深度学习模型，适应移动设备和嵌入式系统的应用。

(3) 多模态融合。结合视觉、听觉、触觉等多种感知方式，提高模型的理解能力和鲁棒性。

(4) 解释性和可解释性。增强深度学习模型的透明性和可解释性，便于用户理解和信任模型的决策过程。

总之，深度学习在计算机视觉中的应用已极大地推动了这一领域的发展，未来随着技术的进一步创新和完善，深度学习必将为计算机视觉带来更多的突破和可能性。

拓展知识 6-1

文字识别

计算机视觉中的文字识别是计算机科学与人工智能领域的重要研究方向之一，其核心目标是将图像或视频中的文字信息转换为机器可读的文本数据。这一过程对于许多应用场景至关重要，如文档数字化、车牌识别和智能搜索引擎等。文字识别的基本原理、主要内容和实际案例将帮助我们更好地理解这一技术及其应用。

文字识别的基本原理通常称为光学字符识别(OCR)，包括以下几个关键步骤。

(1) 图像预处理。图像预处理的目的是提高识别的准确性。图像预处理包括去噪声、二值化(将图像转换为黑白两色)、图像裁剪、旋转校正等。这些操作有助于减少图像中的干扰因素，使得后续的文字识别更加准确。

(2) 文字区域检测。文字区域检测的目标是找到图像中包含文字的区域，常用的方法包括边缘检测和连通组件分析。文字区域检测为后续的文字分割提供了基础。

(3) 文字分割。文字分割将文字区域中的文字从图像中分开，包括字符分割和行分割。字符分割旨在将一行文字中的各个字符分开，而行分割则将不同的文字行分开。字符分割面临的挑战包括处理字符之间的连贯性及重叠问题。

(4) 特征提取与分类。这一过程中需要提取每个字符的特征，并将其分类为已知的字符。特征提取涉及对字符的几何特征、纹理特征等进行提取；而分类器通常使用机器学习算法，如支持向量机或深度学习算法(如 CNN)，来进行字符识别。

(5) 后处理。识别的结果通常需要经过拼写纠正或语法分析等后处理步骤，以修正识别错误并提高文本的可读性。

随着计算机视觉和深度学习技术的发展，文字识别技术也在不断进步。传统的 OCR 技术主要依赖模板匹配和特征提取，这些方法通过将字符与预定义的模板进行比较来确定字符的类别。然而，这种方法在处理复杂背景或手写文字时表现欠佳。近年来，深度学习技术特别是 CNN 在文字识别方面取得了显著进展。CNN 能够自动提取字符的多层次特征，并进行准确分类。比如，Google 的 Tesseract OCR 引擎采用深度学习技术提升识别性能。此外，RNN 因其处理序列数据的能力而在文字识别中得到了广泛应用。结合 LSTM 网络，RNN 能够更好地处理文本中的上下文信息，从而提高识别准确率。自注意力机制是一种改进 RNN 的方法，它通过动态关注输入序列的不同部分，进一步提高了识别效果。特别是在处理具有不同长度的文本信息时，注意力机制表现尤为优异。集成学习与迁移学习技术也在文字识别中得到了应用，集成学习通过结合多个模型的预测结果来提升识别准确性，而迁移学习则利用在大规模数据集上预训练的模型来增强对特定任务的识别能力。

文字识别技术在各种实际应用中发挥了重要作用，主要体现在以下几个方面。

(1) 在文档数字化方面，OCR 技术被广泛用于将纸质文档转换为电子文本。这对于图书馆和档案馆尤为重要，因为它使得大量历史文献能够以数字形式保存和检索。例如，Google Books 项目通过 OCR 技术将大量书籍数字化，使其能够在线搜索和阅读。

(2) 车牌识别系统也是 OCR 技术的一个重要应用，它通过识别车辆的车牌号码来实现交通监控、停车管理和执法等功能。例如，许多城市的交通摄像头配备了车牌识别功能，能够实时监控交通流量和违规行为。

(3) 手写文字识别系统则用于将手写文本转换为数字格式，这在扫描手写的笔记、信件或表单时尤为重要。许多笔记应用程序(如 Evernote)和电子表单识别系统都利用了这一技术。

(4) 一些翻译应用程序(如 Google Translate)利用 OCR 技术来识别图像中的文字，并将其翻译为用户选择的语言，这对于旅行者或需要快速翻译的场景尤为实用。

(5) 金融票据处理也是 OCR 技术一个重要的应用领域，银行和金融机构利用 OCR 技术自动处理支票、发票和其他金融文档，不仅提高了处理效率，还减少了人工输入错误。

未来，OCR 技术有望继续取得显著进展，主要体现在以下几个方面。

(1) 增强的深度学习模型将进一步提升文字识别的准确性和鲁棒性，尤其是在处理复杂背景和多语言文本时，深度学习技术的优势将更加明显。

(2) 多模态融合技术将成为未来的重要发展方向，通过结合视觉、语音和文本信息来提升 OCR 的整体性能。例如，图像识别和语音识别相结合，可以在更复杂的应用场景中实现更准确地识别和理解。

(3) 实时识别与处理技术也将变得更加普及，这对于需要快速反馈的应用，如实时翻译和即时信息提取，具有重要意义。

(4) 个性化与定制化的 OCR 系统将能够满足特定用户或行业的需求。例如，定制化的手写体识别系统能够更好地识别个体用户的手写风格。

总体而言，OCR 技术作为计算机视觉领域的重要组成部分，已经在许多实际应用中展现了强大的能力和广泛的应用前景。随着技术的不断进步和应用场景的扩展，未来的 OCR 将继续发挥重要作用，为我们提供更加智能和高效的服务。

拓展知识 6-2

人脸检测和人脸识别

计算机视觉中的人脸检测和人脸识别是两项重要的技术，它们广泛应用于安全监控、身份验证、情感分析等领域。人脸检测和人脸识别虽然都涉及对人脸的处理，但是它们在目标、方法和技术实现上有所不同。

1. 人脸检测

人脸检测是指在图像或视频中自动定位并识别人脸的过程。人脸检测的主要目的是识别图像中所有的人脸并标记其位置。人脸检测是人脸识别的前提，因为在识别之前必须首先发现人脸的存在。

早期的人脸检测方法主要依赖基于特征的算法。例如，Haar 特征脸部检测器是由 Viola-Jones 算法实现的一种经典方法。这种方法利用一系列简单的矩形特征来对图像进行快速扫描，并通过构建一个级联分类器来提高检测效率。级联分类器是由一组弱分类器组成的，每个分类器在特定区域进行判断，只有通过所有分类器的检测才会被认为是人脸。这种算法的优点是速度快，能够在实时场景中进行人脸检测，但其检测效果容易受到光照、姿态、表情等外界因素的影响。

随着深度学习的发展，基于 CNN 的检测方法逐渐成为主流。诸如 MTCNN(multi-task cascaded convolutional networks)和 SSD 等算法通过使用深度卷积网络对图像进行多尺度特征提取，从而更为准确地检测人脸。这些方法通过多任务学习，将人脸检测与特征点定位结合起来，大大提高了检测的精度和鲁棒性。

此外，近年来兴起的 Faster R-CNN 和 YOLO 等方法进一步提升了人脸检测的性能。Faster R-CNN 通过区域建议网络(RPN)生成候选区域，然后在这些候选区域进行分类和边界框回归。YOLO 则通过将整个图像作为输入，并直接预测多个边界框和对应的类别概率，实现了端到端的人脸检测。与传统方法相比，这些深度学习算法能够更好地应对复杂的背景、遮挡和多姿态人脸，表现出更强的鲁棒性和泛化能力。

2. 人脸识别

在人脸检测之后，人脸识别是通过进一步识别图像中的人脸识别人的身份。人脸识别的目的是通过分析人脸的独特特征来匹配或验证个体的身份。人脸识别不仅需要检测人脸的位置，还需要提取并分析人脸的特征。

早期的人脸识别方法多基于几何特征和模板匹配。几何特征法通过分析人脸的几何结构，如眼睛之间的距离、鼻子的位置等，来生成特征向量进行匹配。模板匹配法则是将检测到的人脸与数据库中的标准模板进行对比，找到最相似的匹配。然而，这些方法对姿态、光照、表情等因素非常敏感，难以在复杂环境中保持高精度。

随着机器学习技术的进步，基于特征提取的识别方法逐渐流行起来。其中，PCA 和线性判别分析(LDA)是经典的线性特征提取方法。PCA 通过将人脸图像投影到低维特征空间中，使得图像中的主要信息得以保留，同时降低数据维度。LDA 则通过寻找能够最大化类间差异和最小化类内差异的特征空间，使得不同人脸的特征更加分离。

在深度学习时代，基于 CNN 的特征学习方法极大地提升了人脸识别的性能。通过使用深度卷积网络，模型能够从大量的标注数据中自动学习高层次的人脸特征，这些特征能够有效地表示人脸的信息。经典的深度学习人脸识别模型(如 FaceNet、VGG-Face 和 ArcFace 等)通过训练 DNN 来生成嵌入向量，这些向量可用于人脸的匹配和身份验证。例如，FaceNet 通过设计一个三元组损失函数，确保来自同一人的人脸在特征空间中距离较近，而不同人的人脸距离较远，从而实现高效的人脸识别。

人脸识别系统通常包括两个阶段：注册和识别。在注册阶段，系统会采集用户的人脸图像，并提取其特征向量存储在数据库中。在识别阶段，系统会对输入的人脸图像进行特征提取，并与数据库中的特征向量进行比对，从而确定身份。此外，为了应对光照变化、遮挡、姿态变化等挑战，近年来的研究还引入了姿态归一化、数据增强、GAN 等技术来提升识别的鲁棒性。

3. 人脸检测与识别的结合与应用

在人脸识别系统中，人脸检测和人脸识别通常是结合使用的。首先，人脸检测系统会在图像或视频中检测到人脸的存在，然后将检测到的人脸区域输入识别模块进行身份判断。这一流程已经广泛应用于多种实际场景，如智能门禁系统、移动支付、社交媒体的面部识别标记等。

随着技术的进步，人脸检测与识别的精度和效率不断提高。例如，在移动设备上，通过优化算法和硬件加速技术，已经实现了实时的人脸识别。再如，社交媒体平台利用人脸识别技术为用户自动标记照片中的好友，极大地提升了用户体验。

然而，随着人脸识别技术的普及，其引发的隐私和伦理问题也受到广泛关注。如何在保护隐私的同时有效利用人脸识别技术，成为未来研究的重要方向。一些国家和地区已经开始制定相关法律法规，规范人脸识别技术的使用，以确保用户隐私不被侵犯。

实训 6-1　人脸检测

1. 实训目标

实现人脸检测和对齐。

2. 实训环境

(1) 使用 3.8.5 版本的 Python。

(2) 使用 jupyter notebook 编辑器。

(3) numpy 1.18.5、tensorflow 2.3.0、opencv-python 4.2.0.32。

3. 实训内容

(1) 人脸检测。

(2) 人脸对齐。

(3) 多张人脸的检测处理。

4. 实训步骤

(1) 人脸检测。

① 定义人脸检测处理类。MTCNN 是一种基于多任务级联 CNN 的人脸检测和特征点定位方法。MTCNN 由 3 级网络组成，分别为 P-Net，R-Net，O-Net。每一级都是比较简单的轻量级分类器，P-Net 给出人脸候选框，通过级联 R-Net 和 O-Net，逐级过滤候选框，最后得到目标人脸和特征点的位置。

P-Net 为 MTCNN 框架的第一级，是一个全 CNN。图片经过该网络后产生人脸区域候选框和候选框边界回归向量。最后通过非极大值抑制(NMS)算法去掉高度重叠的候选框。

R-Net 为 MTCNN 框架的第二级。该网络为调优网络，比 P-Net 多了一个全连接层，有更强的学习能力，能更好地抑制误报的候选窗。首先，R-Net 将 P-Net 保留下来的候选框窗口通过该网络，得到人脸与非人脸的判定分类得分和候选框边界回归向量。如果分类得分超过阈值,则为人脸,继续保留该候选框;否则舍弃该候选框。然后,R-Net 通过回归向量对候选框边界进行回归,对保留下来的候选框边界进行校准。最后,R-Net 通过 NMS 算法去掉高度重叠的候选框。

O-Net 为 MTCNN 框架的第三级。该网络为最终确定候选框窗口是否为人脸的分类回归网络。O-Net 网络比 R-Net 多了一个卷积层,所以该网络的特征学习表征能力更强,对候选框的筛选更加严格,处理结果更加精细。该网络在给出人脸判定分类得分和候选框边界回归向量的同时,还会给出 5 个面部特征点的位置。

将 MTCNN 网络的构建封装为 build_mtcnn_model.py 文件,将人脸检测处理封装为 face_detection.py 文件。

② 图片读取。读取一张图片并进行颜色通道转换,如代码 6-1 所示。

代码 6-1　图片读取

```
In[1]:    # 下载数据
          !wget -P /root/jupyter_notebook http://datasrc.tipdm.net:81/python/case/FaceNet/test_images.zip
          !unzip -d /root/jupyter_notebook/test_images test_images.zip
          !wget -P /root/jupyter_notebook http://datasrc.tipdm.net:81/python/case/FaceNet/face_alignment.py
          !wget -P /root/jupyter_notebook http://datasrc.tipdm.net:81/python/case/FaceNet/face_detection.py
          !wget -P /root/jupyter_notebook http://datasrc.tipdm.net:81/python/case/FaceNet/model.zip
          !unzip -d /root/jupyter_notebook/model model.zip
          !wget -P /root/jupyter_notebook http://datasrc.tipdm.net:81/python/case/FaceNet/weights.zip
          !unzip -d /root/jupyter_notebook/weights weights.zip
          import cv2
          import numpy as np
          import face_alignment as fa
          import face_detection as fd
          import os
          # 读取照片
          image = cv2.imread('/root/jupyter_notebook/test_images/image1.jpg')
          cv2.imshow('image1',image)
          cv2.waitKey(0)
          cv2.destroyAllWindows()

In[2]:    # 调换颜色通道的顺序
          image = cv2.cvtColor(image, cv2.COLOR_BGR2RGB)
          cv2.imshow('image_RGB',image)
          cv2.waitKey(0)
          cv2.destroyAllWindows()
```

注:图像显示后,按键盘任意键即可关闭图像显示窗口,下同。

③ 进行人脸检测。调用人脸检测处理类进行人脸检测,得到人脸框(左上角、右下角)、人脸置信度、人脸关键点的坐标、15d 的向量,如代码 6-2 所示。

代码6-2　进行人脸检测

```
In[3]:    # 人脸检测
          image_copy = image.copy()
          face_detector = fd.Face_Detection()
          # 人脸检测器
          rectangles = face_detector.detectFace(image_copy)
          # 人脸检测
          rectangles

Out[3]:   [286.0,
          70.0,
          432.0,
          267.0,
          0.9992893934249878,
          351.6458560824394,
          138.33403140306473,
          411.37655544281006,
          159.22672644257545,
          378.76182931661606,
          193.52362751960754,
          331.0793961882591,
          212.42513090372086,
          382.03908908367157,
          226.8206736445427]
```

④　标记人脸框。将人脸用正方形框框出来，取出人脸框坐标，将人脸框绘制出来，如代码6-3所示。

代码6-3　标记人脸框

```
In[4]:    # 绘制人脸框
          rectangles = fd.rect2square(np.array(rectangles))
          # 将检测结果转为正方形
          rectangle = rectangles[0]
          bbox = rectangle[0:4] # 人脸框的左上角和右下角坐标(注意：照片坐标系横轴向右为正，纵轴向下为正)
          cv2.rectangle(image_copy, (int(bbox[0]), int(bbox[1])), (int(bbox[2]), int(bbox[3])), (255, 0, 0))
          # 绘制人脸框
          cv2.imshow('rectangle',image_copy)
          cv2.waitKey(0)
          cv2.destroyAllWindows()
```

⑤　标记人脸关键点。取出后10个元素，作为人脸关键点的坐标，标记5个关键点，如代码6-4所示。

代码6-4　标记人脸关键点

```
In[5]:    # 标记人脸关键点
          points = rectangle[-10:] # 人脸五个关键位置(两只眼睛、一个鼻子、两个嘴角)
          # 画出人脸五个关键位置(两只眼睛、一个鼻子、两个嘴角)
```

```
for i in range(5):
    cv2.circle(image_copy, (int(points[i*2]), int(points[i*2+1])), 4, (0, 0, 255), 5)
detect_image = cv2.cvtColor(image_copy, cv2.COLOR_RGB2BGR)
# 调整颜色通道顺序
cv2.imshow('detect_image',detect_image)
cv2.waitKey(0)
cv2.destroyAllWindows()
```

Out[5]:

⑥ 截取人脸图像。截取人脸图像,并调整图像大小,如代码 6-5 所示。

代码 6-5 截取人脸图像

In[6]:
```
# 截取人脸部分的图像信息
crop_image = image[int(rectangle[1]): int(rectangle[3]), int(rectangle[0]): int(rectangle[2]), :]
crop_image = cv2.resize(crop_image, (160, 160))
# 压缩成指定大小
new_crop_image = cv2.cvtColor(crop_image, cv2.COLOR_RGB2BGR)
# 调整颜色通道顺序
cv2.imshow('new_crop_image',new_crop_image)
cv2.waitKey(0)
cv2.destroyAllWindows()
```

Out[6]:

(2) 人脸对齐。

① 定义人脸对齐处理函数。通过 MTCNN 得到人脸边界框之后还要考虑如果人脸姿态有偏移,会导致人脸表情识别出错,因此在识别表情之前需要进行人脸对齐操作。利用 MTCNN 输出的 5 个人脸关键点的精准坐标,为了减少预处理时间,这里使用简单的仿射变换的方法将人脸旋转一定角度,达到摆正人脸位置的目的。

仿射变换是一种经过平移的线性变换。简单地说,仿射变换就是通过缩放和平移坐标轴来将原坐标映射到新坐标上。计算机视觉中经常通过矩阵来完成一系列的线性变换,但由于平移属于非线性的变换,矩阵的方法不能实现。仿射变换是从数学的角度来完成"线性变换+平移"这一过程的,包括平移(translation)、缩放(scale)、翻转(flip)、旋转(rotation)。

将定义的人脸对齐处理函数封装为 face_alignment.py 文件。

② 图像摆正对齐。调用人脸对齐处理函数,对人脸图像进行摆正对齐,如代码 6-6 所示。

代码 6-6 图像摆正对齐

In[7]:
```
# 人脸对齐
landmark = (np.reshape(rectangle[-10:], (5, 2)) - np.array([int(rectangle[0]), int(rectangle[1])])) / (rectangle[3] - rectangle[1]) # 记下他们的 landmark
alignment_image, new_landmark = fa.Alignment(crop_image, landmark)
# 执行仿射变换:对齐人脸
new_alignment_image = cv2.cvtColor(alignment_image, cv2.COLOR_RGB2BGR)
```

```
# 调整颜色通道顺序
cv2.imshow('new_alignment_image',new_alignment_image)
cv2.waitKey(0)
cv2.destroyAllWindows()
```
Out[7]:

(3) 多张人脸的检测处理。处理一张图片出现多张人脸的情况,并封装为 get_faces.py,如代码 6-7 所示。

代码 6-7　多张人脸的检测处理

In[8]:
```
# 多张人脸检测处理
import face_detection as fd
import cv2
import numpy as np
import face_alignment as fa
import os
def get_faces(image=None, tmp=None):
    image = cv2.cvtColor(image, cv2.COLOR_BGR2RGB)
    # 调换颜色通道的顺序
    image_copy = image.copy()
    face_detector = fd.Face_Detection()
    # 人脸检测器
    rectangles = face_detector.detectFace(image_copy)
    # 人脸检测
    rectangles = fd.rect2square(np.array(rectangles))
    # 将检测结果转为正方形
    faces = [] # 用于保存截取到的人脸图像
    for idx, rectangle in enumerate(rectangles):
        bbox = rectangle[0:4]
        # 人脸框的左上角和右下角坐标(注意:照片坐标系横轴向右为正,纵轴向下为正)
        points = rectangle[-10:]
        # 人脸五个关键位置(两只眼睛、一个鼻子、两个嘴角)
        cv2.rectangle(image_copy, (int(bbox[0]), int(bbox[1])), (int(bbox[2]), int(bbox[3])), (255, 0, 0))
        # 绘制人脸框
        # 画出人脸五个关键位置(两只眼睛、一个鼻子、两个嘴角)
        for i in range(5):
            cv2.circle(image_copy, (int(points[i*2]), int(points[i*2+1])), 4, (0, 0, 255), 5)
        detect_image = cv2.cvtColor(image_copy, cv2.COLOR_RGB2BGR)
        # 调整颜色通道顺序
        cv2.imwrite(os.path.join(tmp, 'detect{}.jpg'.format(idx)), detect_image)
        # 保存照片
        # 截取人脸部分的图像信息
        crop_image = image[int(rectangle[1]): int(rectangle[3]), int(rectangle[0]): int(rectangle[2]), :]
        crop_image = cv2.resize(crop_image, (160, 160)) # 压缩成指定大小
        # 人脸对齐,矩阵仿射变换:将人脸摆正
        landmark = (np.reshape(rectangle[-10:], (5, 2)) - np.array([int(rectangle[0]), int(rectangle[1])])) / (rectangle[3] - rectangle[1]) # 记下他们的 landmark
        alignment_image, new_landmark = fa.Alignment(crop_image, landmark)
        # 执行仿射变换:对齐人脸
        new_crop_image = cv2.cvtColor(crop_image, cv2.COLOR_RGB2BGR)
        # 调整颜色通道顺序
```

```
            new_alignment_image = cv2.cvtColor(alignment_image, cv2.COLOR_RGB2BGR)
            # 调整颜色通道顺序
            cv2.imwrite(os.path.join(tmp, 'crop_image{}.jpg'.format(idx)), new_crop_image)
            # 保存照片
            cv2.imwrite(os.path.join(tmp, 'alignment_image{}.jpg'.format(idx)), new_alignment_image)
            # 保存照片
            alignment_image = np.expand_dims(alignment_image, 0)
            # 拓展一个维度
            faces.append(alignment_image)
        return faces, rectangles
        image = cv2.imread('/root/jupyter_notebook/test_images/many_people.jpg')
        # 读取照片
        faces, rectangles = get_faces(image, '/root/jupyter_notebook/tmp')
        # 获取照片中的人脸图像,并将其对齐
Out[8]:
```

注：需要先在对应路径下新建 tmp 文件夹。

实训 6-2 人脸识别

1. 实训目标

实现人脸特征提取和识别。

2. 实训环境

(1) 使用 3.8.5 版本的 Python。

(2) 使用 jupyter notebook 编辑器。

(3) numpy 1.18.5、tensorflow 2.3.0、Keras 2.4.3、opencv-python 4.2.0.32。

3. 实训内容

(1) 人脸特征提取。

(2) 后台人脸数据库。

(3) 人脸特征匹配。

4. 实训步骤

(1) 人脸特征提取。

① 定义 FaceNet 人脸特征提取。FaceNet 网络由一个批处理输入层和一个深度 CNN 组成。FaceNet 首先将图像特征 $f(x)$ 进行"L2 规范化",然后通过嵌入层 embedding 将图像特征映射到超球面空间(图像的特征向量),最后利用三元组损失 Triplet Loss 对特征相似性进行评估,实现人脸相似性度量。

将模型封装为 inception_resnetv2.py、model.py 文件,将 facenet 人脸处理封装为 face_extraction.py 文件。

② 提取人脸特征向量。定义表情检测处理类,调用已训练完成的模型,提取人脸特征,如代码 6-8 所示。

代码 6-8　提取人脸特征向量

```
In[1]:    !wget -P /root/jupyter_notebook http://datasrc.tipdm.net:81/python/case/FaceNet/get_faces.py
          !wget -P /root/jupyter_notebook http://datasrc.tipdm.net:81/python/case/FaceNet/test_images.zip
          !unzip -d /root/jupyter_notebook/test_images test_images.zip
          !wget -P /root/jupyter_notebook http://datasrc.tipdm.net:81/python/case/FaceNet/face_alignment.py
          !wget -P /root/jupyter_notebook http://datasrc.tipdm.net:81/python/case/FaceNet/face_detection.py
          !wget -P /root/jupyter_notebook http://datasrc.tipdm.net:81/python/case/FaceNet/model.zip
          !unzip -d /root/jupyter_notebook/model model.zip
          !wget -P /root/jupyter_notebook http://datasrc.tipdm.net:81/python/case/FaceNet/weights.zip
          !unzip -d /root/jupyter_notebook/weights weights.zip
          !wget -P /root/jupyter_notebook http://datasrc.tipdm.net:81/python/case/FaceNet/get_face_database.py
          !wget -P /root/jupyter_notebook http://datasrc.tipdm.net:81/python/case/FaceNet/face_match.py
          !wget -P /root/jupyter_notebook http://datasrc.tipdm.net:81/python/case/FaceNet/face_extraction.py
          !wget -P /root/jupyter_notebook http://datasrc.tipdm.net:81/python/case/FaceNet/face_database.zip
          !unzip -d /root/jupyter_notebook/face_database face_database.zip
          from get_faces import get_faces
          # 人脸检测
          import cv2
          import matplotlib.pyplot as plt
          import face_extraction as fe
          # 特征提取
          import get_face_database as fdb
          import face_match as fm
          # 人脸特征提取
          image = cv2.imread('/root/jupyter_notebook/test_images/image1.jpg')
          # 读取照片
          cv2.imshow('image',image)
          cv2.waitKey(0)
          cv2.destroyAllWindows()

Out[1]:


In[2]:    faces, rectangles = get_faces(image, '/root/jupyter_notebook/tmp')
          # 获取照片中的人脸图像，并将其对齐
          face_feature_extractor = fe.Face_Extraction()
          face_features = face_feature_extractor.batch_extract(faces, rectangles)
          # 获取人脸图像的特征向量
```

注：图像显示后，按键盘任意键即可关闭图像显示窗口，下同；需先在对应路径下新建 tmp 文件夹。

(2) 后台人脸数据库。

① 后台人脸数据库录入所有的人脸信息，基本流程是遍历人脸数据库，进行人脸检测、对齐、特征和对应人名提取。将后台人脸数据库封装为 get_face_database.py 文件。

② 加载后台数据库，获取数据库特征向量及各照片对应人名，如代码6-9所示。

代码6-9　后台人脸数据库

```
In[3]:    # 定义后台人脸数据库
          # 加载后台数据库人数照片
          database_path = '/root/jupyter_notebook/face_database/'
          # 后台人脸数据库路径
          face_database = fdb.Face_Database(database_path)
          face_database.build_database()
          face_names = face_database.known_face_names
          # 后台数据库人名信息
          face_encodings = face_database.known_face_encodings
          # 后台数据库中人脸特征向量
```

(3) 人脸特征匹配。
① 定义人脸特征匹配器，对人脸特征进行匹配。
② 计算人脸距离，将当前人脸数据与后台人脸数据库进行比对。
③ 将其封装为 face_match.py 文件。
④ 调用人脸特征匹配器进行人脸识别。如代码6-10所示。

代码6-10　人脸特征匹配

```
In[4]:    # 人脸特征匹配
          face_match_model = fm.Face_Match(face_features, face_encodings, face_names)
          # 计算向量之间的距离
          names = face_match_model.recognize()
          # 执行识别操作
          print('照片中的人是：', names)
          recognize_image = face_match_model.draw_rectangle(image, rectangles, names)
          # 将识别结果标注至照片中
          cv2.imshow('',recognize_image)
          cv2.waitKey(0)
          cv2.destroyAllWindows()
          cv2.imwrite('/root/jupyter_notebook/tmp/recognize.jpg', recognize_image)
          # 保存照片

Out[4]:



          照片中的人是：　['_____']
```

6.4 本章小结

(1) 计算机视觉是人工智能领域的重要分支，其目标是使计算机能够通过分析和理解数字图像或视频来获取信息，并对这些信息进行分类、识别和分析。计算机视觉技术模拟了人类视觉系统，不仅能提取视觉数据中的信息，还能对其进行深度分析和理解。计算机视觉的应用范围非常广泛，包括自动驾驶、医疗影像分析、安防监控、工业自动化等。

(2) 计算机视觉的基础包括图像处理、模式识别、人工智能和机器学习等多个领域的知识。机器视觉系统通过利用计算机实现人类视觉功能，识别和理解三维世界。早期的计算机视觉研究主要集中在简单的识别与检测上。随着科学技术的发展，图像处理技术逐渐发展到能够处理三维图像，并应用于工业和医学领域。

(3) 计算机视觉的核心原理是通过获取图像，对图像进行预处理、特征提取和分类。图像预处理包括灰度化和噪声去除等步骤。特征提取分为传统方法和深度学习方法。其中，传统方法包括边缘检测、角点检测和纹理特征等，深度学习方法主要依靠CNN来提取图像的层级特征。

(4) 图像分类和物体检测是计算机视觉领域的两个主要任务。图像分类的目标是将输入的图像归类到一个预定义的类别中，而物体检测的目标是在图像中找到并标注出所有目标物体的位置和类别。深度学习方法，如 R-CNN、FastRCNN、FasterRCNN、YOLO 和 SSD 等，在这些任务中扮演着重要的角色。

(5) OpenCV 是一个重要的计算机视觉工具与框架，它提供了一整套工具和功能，帮助开发者处理和分析图像和视频数据。在数据集训练中，OpenCV 扮演着数据预处理、图像转换、图像缩放与裁剪等多个重要角色。数据集的质量对模型的性能有很大影响，高质量的数据集应具有足够的样本量、多样性、无偏性和准确的标签。

(6) 通过本章学习，读者可以对计算机视觉有一个基础的了解，并能够应用 OpenCV 进行实际的图像处理和分析。本章还提供了实训案例，以帮助读者进一步掌握计算机视觉的应用技能。

6.5 本章习题

一、单项选择题

1. 计算机视觉的主要目标是什么？（　　）
   A. 通过分析和理解数字图像或视频获取信息
   B. 通过编程使计算机自动化运行

C. 开发新的计算机硬件
D. 优化数据传输速度
2. 计算机视觉的研究起源可以追溯到哪个年代?（　　）
   A. 20 世纪 30 年代　　　　　　　B. 20 世纪 40 年代
   C. 20 世纪 50 年代　　　　　　　D. 20 世纪 60 年代
3. 以下哪种方法在计算机视觉中用于边缘检测?（　　）
   A. SVM　　　　　　　　　　　　B. CNN
   C. Canny　　　　　　　　　　　D. YOLO
4. CNN 在图像处理中主要用于什么?（　　）
   A. 数据传输　　　　　　　　　　B. 自动特征提取和分类
   C. 数据存储　　　　　　　　　　D. 编程语言优化
5. 以下哪种技术在计算机视觉中被广泛用于物体检测?（　　）
   A. RNN　　　　　　　　　　　　B. GAN
   C. YOLO　　　　　　　　　　　D. LSTM

二、判断题
1. 计算机视觉是一门独立发展的学科，不涉及其他领域的知识。（　　）
2. YOLO 是一种基于 CNN 的目标检测算法。（　　）
3. 深度学习的引入并没有显著提高计算机视觉的性能。（　　）
4. 计算机视觉主要应用于娱乐行业，并未在工业中得到广泛应用。（　　）
5. SIFT 和 SURF 是常见的传统特征提取方法。（　　）

三、填空题
1. 计算机视觉是研究如何使计算机通过分析和理解_____或视频来获取信息的科学。
2. 计算机视觉技术广泛应用于_____、医疗影像分析、安防监控等领域。
3. 深度学习特别是_____的引入彻底改变了计算机视觉领域。
4. 计算机视觉的发展将继续与_____深度融合，并向更加智能化和自动化的方向发展。
5. 通过使用_____可以自动提取图像的层级特征。

四、简答题
1. 简述计算机视觉的定义和目标。
2. 解释 CNN 在计算机视觉中的作用。
3. 深度学习如何改变计算机视觉领域?

第 7 章
人工智能导论实践与应用

在数字化时代背景下,编程已经成为连接科技与现实世界的桥梁。Python 作为一种广泛使用且功能强大的编程语言,凭借其简洁明了的语法和强大的社区支持,在全球范围内赢得了极高的声誉。本章将追溯 Python 的起源与发展历程,揭示它如何从一个个人项目演变为当今世界非常受欢迎的编程语言之一。

为了让读者能够顺利地进入 Python 世界,本章详细介绍了在不同操作系统上搭建 Python 环境的完整流程,包括 Windows、Linux 和 macOS。从最基本的系统要求到选择合适的安装工具,再到环境配置的具体步骤,我们逐一介绍,确保读者能在各种平台上无障碍地运行 Python。同时,我们关注了安装过程中可能遇到的问题,并提供了有效的解决方案,帮助读者克服技术障碍。

为了进一步帮助读者更有效地管理不同的项目依赖和环境,我们讨论了使用 virtualenv 创建和管理独立 Python 环境的必要性。此外,对于那些希望深入探索机器学习和深度学习领域的读者,我们介绍了当前最流行的 Python 开发工具,如 TensorFlow、PyTorch 和 Keras 等。

本章最后讲述了人工智能如何在多个关键行业中引领创新。从医疗健康的智能化诊断到金融科技的算法交易,从自动驾驶汽车到智慧交通管理系统,再到智能制造的自动化生产线,我们通过具体案例分析展示了人工智能技术是如何推动这些行业前沿的创新与发展的。通过这一系列的探讨,我们旨在为读者提供一个全面的视角来理解 Python 在现代编程和人工智能应用中的核心价值。

7.1 人工智能与 Python

在数字化时代背景下,人工智能与 Python 之间的关系日益紧密,共同推动着科技与现实世界的连接。Python 以其简洁明了的语法和强大的社区支持成为实现人工智能技术的重要工具。从个人项目到全球非常受欢迎的编程语言之一，Python 的发展历程见证了其在人工智能导论实践应用领域的崛起和应用。

7.1.1 人工智能的发展

进行 Python 环境的搭建是进入人工智能世界的第一步。Python 在不同操作系统上的普及和易用性，为人工智能技术的研究和应用提供了坚实的基础。本节通过详细介绍在 Windows、Linux 和 macOS 上搭建 Python 环境的流程，帮助读者无障碍地在各种平台上运行 Python，这为人工智能技术的学习和发展扫清了障碍。

Python 的虚拟环境管理工具 virtualenv 使得项目依赖和环境管理变得更加高效，这对于人工智能项目尤为重要，因为它们往往需要复杂的依赖关系和特定的库版本。此外，Python 在机器学习和深度学习领域的应用，通过 TensorFlow、PyTorch 和 Keras 等流行工具，进一步巩固了其在人工智能开发中的核心地位。

人工智能在多个关键的行业具有创新引领作用，如医疗、金融、交通和制造等，都离不开 Python 的支持。人工智能技术通过智能化诊断、算法交易、自动驾驶汽车、智慧交通和自动化生产线等形式，推动了行业的创新与发展。Python 不仅是实现这些技术的工具，更是连接创意与实际应用的桥梁，其在现代编程和人工智能应用中的核心价值不言而喻。因此，Python 与人工智能的关系是相辅相成的：Python 为人工智能提供了强大的实现能力，而人工智能则为 Python 的应用开辟了广阔的天地。

7.1.2 Python 的起源与发展

Python 这门编程语言的历史可以追溯到 1989 年，它是由荷兰程序员 Guido van Rossum 所创造的。在 1989 年的圣诞节假期期间，为了消磨时间，Guido van Rossum 开始设计一门新的脚本语言。他以英国著名的喜剧团体 Monty Python 的名字来命名这门新语言，并在 1991 年首次发布了它的第一个公开版本，即 Python 0.9.0。这个初始版本奠定了 Python 语言的基础，引入了许多核心特性，如对象的封装、继承以及异常处理等。

随着时间的推移，Python 逐渐变得越来越受欢迎。为了不断改进这门语言，Guido van Rossum 和他的团队持续地对其进行更新和优化。1994 年，他们发布了 Python 1.0 版本，这个版本引入了模块系统和异常处理等重要功能。2000 年，Python 2.0 版本的发布是一个重要的里程碑，它带来了许多重大改进，包括列表推导式、垃圾回收机制以及对 Unicode 的支持等。这些更新不仅提高了 Python 的易用性，还极大地增强了其功能。

然而，随着 Python 2.0 版本的广泛应用，一些问题也逐渐显现出来。例如，字符编码的不统一以及对面向对象编程支持的局限性等问题逐渐显露。为了应对这些问题，Python 社区决定开发一个全新的版本——Python 3.x。2008 年，Python 3.0 版本终于发布，它对语言进行了重大改动，引入了许多不兼容的变化，如修改 print 语句、统一字符串编码以及改进整数除法的行为等。尽管这些变化在初期引发了一些争议，但它们的目的是让 Python 语言变得更加一致和清晰。

随着互联网的迅速普及，Python 凭借其简洁的语法和丰富的标准库，在 Web 开发领域迅速显露头角。Django 和 Flask 等研发的 Web 框架的出现进一步巩固了 Python 在 Web 开发中的地位。此外，Python 在科学计算、数据分析以及人工智能领域也表现出色，这得益于 NumPy、Pandas、SciPy 以及机器学习库(如 TensorFlow 和 PyTorch 等)的强大支持。

Python 的成功不仅仅是因为其设计得当，更因为它拥有一个强大的生态系统和活跃的社区支持。Python Package Index(PyPI)作为一个庞大的包仓库，为开发者提供了数以万计的第三方库和工具。全球各地的开发者通过邮件列表、社交媒体以及各类活动分享他们的经验和知识，推动了 Python 社区的蓬勃发展。

时至今日，Python 已经广泛应用于 Web 开发、数据科学、人工智能、物联网等领域。它在许多大型科技公司(如 Google、Facebook、Instagram 等)的技术栈中也占据着重要的地位。未来，Python 将继续引领编程世界的潮流，迎接新的挑战和机遇。

总的来说，Python 语言从诞生至今，已经经历了多次重大改进和版本升级，最终成为众多开发者的首选语言。Python 简洁易读的语法、强大的库支持以及活跃的社区共同成就了其今天的辉煌。

7.2 如何搭建 Python 环境

7.2.1 Python 3.8.5 简介

因本书是按照 Python 3.8.5 进行讲解的，故本节将着重介绍 Python 3.8.5 在 Windows 和 Linux 上的安装过程，包括系统要求、安装工具和环境配置。Python 3.8.5 是一种功能强大的编程语言，在数据科学、机器学习和 Web 开发等领域应用广泛。

1. 系统要求

(1) Windows：Windows 7 或更高版本。

(2) Linux：CentOS、Debian、Fedora 或 Ubuntu。

(3) macOS：macOS 10.9 或更高版本。

2. 安装工具

(1) Windows：Python 安装程序。

(2) Linux：GCC 或 Clang 编译器。

(3) macOS：Homebrew 或 Python 官网。

7.2.2 Python 3.8.5 安装准备

1. 系统要求

在安装 Python 3.8.5 之前，需要确保系统满足表 7-1 的配置要求。

表 7-1　Python 配置要求表

系统	最低要求	推荐要求
Windows	Windows 7 或更高版本	Windows 10 或更高版本
Linux	glibc 2.17 或更高版本	glibc 2.31 或更高版本
macOS	macOS 10.9 或更高版本	macOS 11 或更高版本

2．依赖关系

安装 Python 时，还需要安装以下依赖关系。

(1) Windows：Microsoft Visual C++ Redistributable for Visual Studio 2015—2019。

(2) Linux：GCC 或 Clang 编译器，以及 zlib、openssl 和 readline 等开发库。

(3) macOS：Xcode 命令行工具。

7.2.3　安装工具

根据不同的操作系统，需要安装相应的安装工具。

(1) Windows：Python 官方网站下载安装程序。

(2) Linux：Git 和 Python 源代码包。

(3) macOS：Homebrew 或 Python 官方网站下载安装程序。

7.2.4　环境配置

在安装 Python 之前，需要配置环境变量以确保系统能够识别 Python 命令。

1. Windows

(1) 单击计算机的"开始"图标，双击"控制面板"图标，具体操作如图 7-1 所示。

图 7-1　打开控制面板

(2) 在新打开的窗口中双击"系统和安全"字样，具体操作如图7-2所示。

图7-2 控制面板布局

(3) 在新打开的窗口中双击"系统"图标，具体操作如图7-3所示。

图7-3 系统和安全栏

(4) 在新打开的窗口中双击"高级系统设置"，具体操作如图7-4所示。

人工智能导论实践与应用

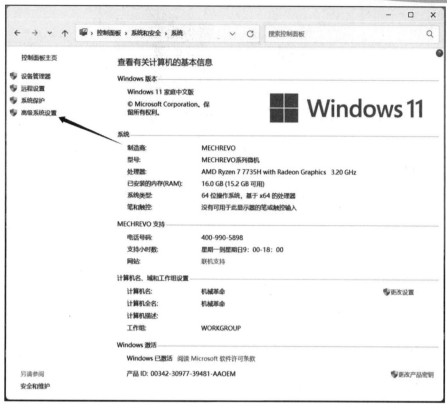

图 7-4　系统栏

(5) 打开"高级系统设置"后,单击"环境变量"按钮进行设置,具体操作如图7-5 所示。

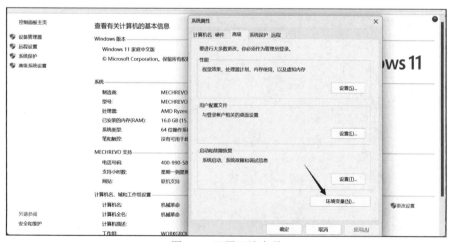

图 7-5　配置环境变量

(6) 在"系统变量"中新建一个名为"Path"的变量,值为 Python 安装目录的 bin 目录路径,如"C:\Python38\bin"。在此过程中,注意大小写以及英文符号,具体操作如图 7-6 所示。

图 7-6　设置环境变量"Path"

2. Linux

安装编译 Python 所需的依赖项。

(1) 打开终端，输入以下代码并运行：

```
sudo apt update
```

(2) 执行 sudo apt update 后，系统会检查所有配置的软件源，并更新本地数据库，使得随后的 apt install 或 apt upgrade 命令能够知道哪些软件包是可用的，以及哪些更新是最新的，如图 7-7 所示。这是一个好的实践，特别是在安装新软件或升级现有软件之前，以确保拥有最新的软件包信息。

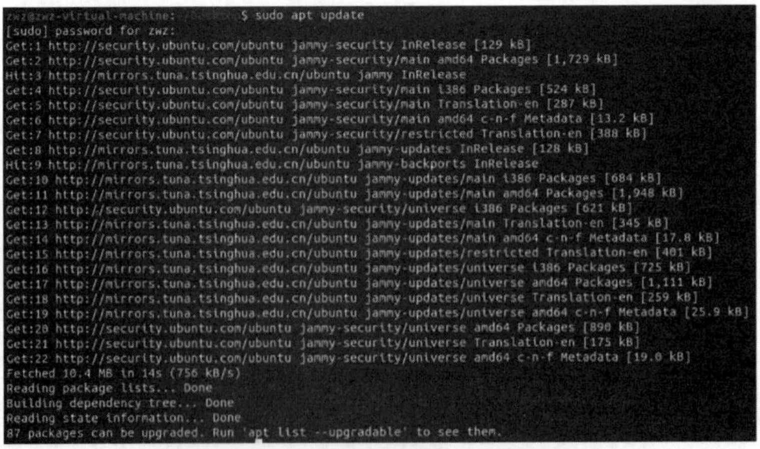

图 7-7　更新系统的软件源列表和下载包索引

(3) 更新完本地数据库后，输入以下代码并运行：

```
sudo apt install -y build-essential checkinstall
```

具体运行结果如图 7-8 所示。

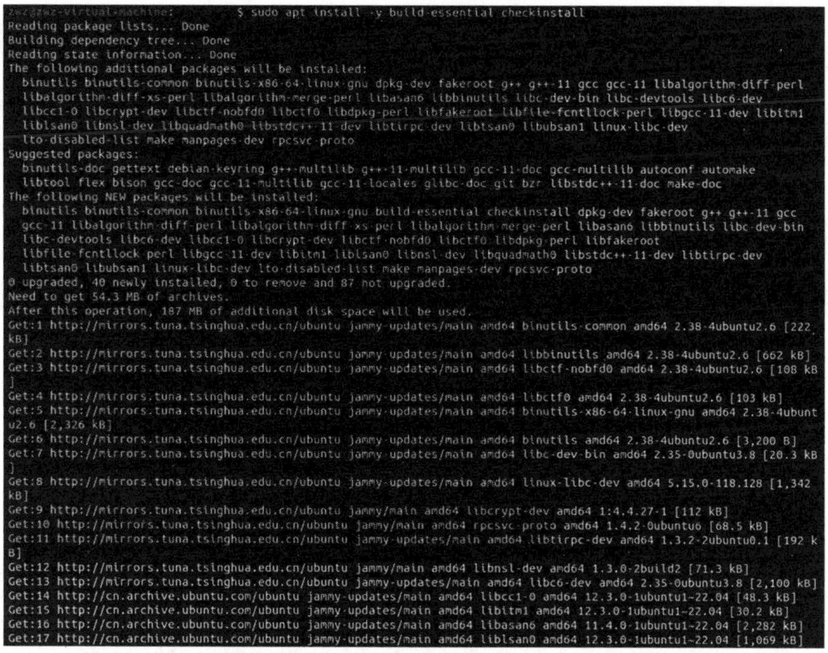

```
zwz@zwz-virtual-machine:        $ sudo apt install -y build-essential checkinstall
Reading package lists... Done
Building dependency tree... Done
Reading state information... Done
The following additional packages will be installed:
  binutils binutils-common binutils-x86-64-linux-gnu dpkg-dev fakeroot g++ g++-11 gcc gcc-11 libalgorithm-diff-perl
  libalgorithm-diff-xs-perl libalgorithm-merge-perl libasan6 libbinutils libc-dev-bin libc-devtools libc6-dev
  libcc1-0 libcrypt-dev libctf-nobfd0 libctf0 libdpkg-perl libfakeroot libfile-fcntllock-perl libgcc-11-dev libitm1
  liblsan0 libnsl-dev libquadmath0 libstdc++-11-dev libtirpc-dev libtsan0 libubsan1 linux-libc-dev
  lto-disabled-list make manpages-dev rpcsvc-proto
Suggested packages:
  binutils-doc gettext debian-keyring g++-multilib g++-11-multilib gcc-11-doc gcc-multilib autoconf automake
  libtool flex bison gcc-doc gcc-11-multilib gcc-11-locales glibc-doc git bzr libstdc++-11-doc make-doc
The following NEW packages will be installed:
  binutils binutils-common binutils-x86-64-linux-gnu build-essential checkinstall dpkg-dev fakeroot g++ g++-11 gcc
  gcc-11 libalgorithm-diff-perl libalgorithm-diff-xs-perl libalgorithm-merge-perl libasan6 libbinutils libc-dev-bin
  libc-devtools libc6-dev libcc1-0 libcrypt-dev libctf-nobfd0 libctf0 libdpkg-perl libfakeroot
  libfile-fcntllock-perl libgcc-11-dev libitm1 liblsan0 libnsl-dev libquadmath0 libstdc++-11-dev libtirpc-dev
  libtsan0 libubsan1 linux-libc-dev lto-disabled-list make manpages-dev rpcsvc-proto
0 upgraded, 40 newly installed, 0 to remove and 87 not upgraded.
Need to get 54.3 MB of archives.
After this operation, 187 MB of additional disk space will be used.
Get:1 http://mirrors.tuna.tsinghua.edu.cn/ubuntu jammy-updates/main amd64 binutils-common amd64 2.38-4ubuntu2.6 [222
kB]
Get:2 http://mirrors.tuna.tsinghua.edu.cn/ubuntu jammy-updates/main amd64 libbinutils amd64 2.38-4ubuntu2.6 [662 kB]
Get:3 http://mirrors.tuna.tsinghua.edu.cn/ubuntu jammy-updates/main amd64 libctf-nobfd0 amd64 2.38-4ubuntu2.6 [108 kB
]
Get:4 http://mirrors.tuna.tsinghua.edu.cn/ubuntu jammy-updates/main amd64 libctf0 amd64 2.38-4ubuntu2.6 [103 kB]
Get:5 http://mirrors.tuna.tsinghua.edu.cn/ubuntu jammy-updates/main amd64 binutils-x86-64-linux-gnu amd64 2.38-4ubunt
u2.6 [2,326 kB]
Get:6 http://mirrors.tuna.tsinghua.edu.cn/ubuntu jammy-updates/main amd64 binutils amd64 2.38-4ubuntu2.6 [3,200 B]
Get:7 http://mirrors.tuna.tsinghua.edu.cn/ubuntu jammy-updates/main amd64 libc-dev-bin amd64 2.35-0ubuntu3.8 [20.3 kB
]
Get:8 http://mirrors.tuna.tsinghua.edu.cn/ubuntu jammy-updates/main amd64 linux-libc-dev amd64 5.15.0-118.128 [1,342
kB]
Get:9 http://mirrors.tuna.tsinghua.edu.cn/ubuntu jammy/main amd64 libcrypt-dev amd64 1:4.4.27-1 [112 kB]
Get:10 http://mirrors.tuna.tsinghua.edu.cn/ubuntu jammy/main amd64 rpcsvc-proto amd64 1.4.2-0ubuntu6 [68.5 kB]
Get:11 http://mirrors.tuna.tsinghua.edu.cn/ubuntu jammy-updates/main amd64 libtirpc-dev amd64 1.3.2-2ubuntu0.1 [192 k
B]
Get:12 http://mirrors.tuna.tsinghua.edu.cn/ubuntu jammy/main amd64 libnsl-dev amd64 1.3.0-2build2 [71.3 kB]
Get:13 http://mirrors.tuna.tsinghua.edu.cn/ubuntu jammy-updates/main amd64 libc6-dev amd64 2.35-0ubuntu3.8 [2,100 kB]
Get:14 http://cn.archive.ubuntu.com/ubuntu jammy-updates/main amd64 libcc1-0 amd64 12.3.0-1ubuntu1~22.04 [48.3 kB]
Get:15 http://cn.archive.ubuntu.com/ubuntu jammy-updates/main amd64 libitm1 amd64 12.3.0-1ubuntu1~22.04 [30.2 kB]
Get:16 http://cn.archive.ubuntu.com/ubuntu jammy-updates/main amd64 libasan6 amd64 11.4.0-1ubuntu1~22.04 [2,282 kB]
Get:17 http://cn.archive.ubuntu.com/ubuntu jammy-updates/main amd64 liblsan0 amd64 12.3.0-1ubuntu1~22.04 [1,069 kB]
```

图 7-8　安装基本的开发工具“build-essential”与“checkinstall”

(4) 在执行上述代码后，系统会自动安装两个软件包：build-essential 和 checkinstall。

(5) 安装完成后，输入以下代码并执行：

```
sudo apt install -y libreadline-dev
```

代码的运行结果如图 7-9 所示。

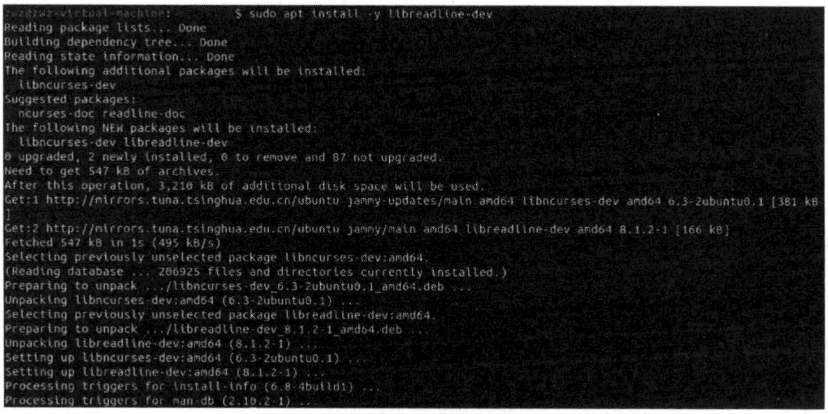

```
zwz@zwz-virtual-machine:        $ sudo apt install -y libreadline-dev
Reading package lists... Done
Building dependency tree... Done
Reading state information... Done
The following additional packages will be installed:
  libncurses-dev
Suggested packages:
  ncurses-doc readline-doc
The following NEW packages will be installed:
  libncurses-dev libreadline-dev
0 upgraded, 2 newly installed, 0 to remove and 87 not upgraded.
Need to get 547 kB of archives.
After this operation, 3,210 kB of additional disk space will be used.
Get:1 http://mirrors.tuna.tsinghua.edu.cn/ubuntu jammy-updates/main amd64 libncurses-dev amd64 6.3-2ubuntu0.1 [381 kB
]
Get:2 http://mirrors.tuna.tsinghua.edu.cn/ubuntu jammy/main amd64 libreadline-dev amd64 8.1.2-1 [166 kB]
Fetched 547 kB in 1s (495 kB/s)
Selecting previously unselected package libncurses-dev:amd64.
(Reading database ... 206925 files and directories currently installed.)
Preparing to unpack .../libncurses-dev_6.3-2ubuntu0.1_amd64.deb ...
Unpacking libncurses-dev:amd64 (6.3-2ubuntu0.1) ...
Selecting previously unselected package libreadline-dev:amd64.
Preparing to unpack .../libreadline-dev_8.1.2-1_amd64.deb ...
Unpacking libreadline-dev:amd64 (8.1.2-1) ...
Setting up libncurses-dev:amd64 (6.3-2ubuntu0.1) ...
Setting up libreadline-dev:amd64 (8.1.2-1) ...
Processing triggers for install-info (6.8-4build1) ...
Processing triggers for man-db (2.10.2-1) ...
```

图 7-9　安装“libreadline”

(6) 通过执行以上代码安装完 libreadline-dev 软件包后，输入并执行以下代码，完成“libncursesw5-dev”开发库的安装，以便开发者可以创建和编译使用 ncurses 库的程序。

```
sudo apt install -y libncursesw5-dev
```

代码的执行结果如图 7-10 所示。

```
Reading package lists... Done
Building dependency tree... Done
Reading state information... Done
The following NEW packages will be installed:
  libncursesw5-dev
0 upgraded, 1 newly installed, 0 to remove and 55 not upgraded.
Need to get 790 B of archives.
After this operation, 6,144 B of additional disk space will be used.
Get:1 http://mirrors.tuna.tsinghua.edu.cn/ubuntu jammy-updates/main amd64 libncursesw5-dev amd64 6.3-2ubuntu0.1 [790
B]
Fetched 790 B in 2s (359 B/s)
Selecting previously unselected package libncursesw5-dev:amd64.
(Reading database ... 207029 files and directories currently installed.)
Preparing to unpack .../libncursesw5-dev_6.3-2ubuntu0.1_amd64.deb ...
Unpacking libncursesw5-dev:amd64 (6.3-2ubuntu0.1) ...
Setting up libncursesw5-dev:amd64 (6.3-2ubuntu0.1) ...
```

图 7-10　安装“libncursesw5-dev”开发库

(7) 安装完“NCurses”库后，输入并执行以下代码，完成“OpenSSL 库”的安装：

```
sudo apt install -y libssl-dev
```

代码的执行结果如图 7-11 所示。

```
zwz@zwz-virtual-machine:        $ sudo apt install -y libssl-dev
Reading package lists... Done
Building dependency tree... Done
Reading state information... Done
Suggested packages:
  libssl-doc
The following NEW packages will be installed:
  libssl-dev
0 upgraded, 1 newly installed, 0 to remove and 55 not upgraded.
Need to get 2,375 kB of archives.
After this operation, 12.4 MB of additional disk space will be used.
Get:1 http://mirrors.tuna.tsinghua.edu.cn/ubuntu jammy-updates/main amd64 libssl-dev amd64 3.0.2-0ubuntu1.17 [2,375 k
B]
Fetched 2,375 kB in 1s (1,929 kB/s)
Selecting previously unselected package libssl-dev:amd64.
(Reading database ... 207030 files and directories currently installed.)
Preparing to unpack .../libssl-dev_3.0.2-0ubuntu1.17_amd64.deb ...
Unpacking libssl-dev:amd64 (3.0.2-0ubuntu1.17) ...
Setting up libssl-dev:amd64 (3.0.2-0ubuntu1.17) ...
```

图 7-11　安装“OpenSSL”库

(8) 安装完“OpenSSL”库后，输入并执行以下代码，安装“SQLite3”库：

```
sudo apt install -y libsqlite3-dev
```

代码的执行结果如图 7-12 所示。

```
zwz@zwz-virtual-machine:        $ sudo apt install -y libsqlite3-dev
Reading package lists... Done
Building dependency tree... Done
Reading state information... Done
Suggested packages:
  sqlite3-doc
The following NEW packages will be installed:
  libsqlite3-dev
0 upgraded, 1 newly installed, 0 to remove and 55 not upgraded.
Need to get 846 kB of archives.
After this operation, 3,165 kB of additional disk space will be used.
Get:1 http://mirrors.tuna.tsinghua.edu.cn/ubuntu jammy-updates/main amd64 libsqlite3-dev amd64 3.37.2-2ubuntu0.3 [846
 kB]
Fetched 846 kB in 1s (870 kB/s)
Selecting previously unselected package libsqlite3-dev:amd64.
(Reading database ... 207178 files and directories currently installed.)
Preparing to unpack .../libsqlite3-dev_3.37.2-2ubuntu0.3_amd64.deb ...
Unpacking libsqlite3-dev:amd64 (3.37.2-2ubuntu0.3) ...
Setting up libsqlite3-dev:amd64 (3.37.2-2ubuntu0.3) ...
```

图 7-12　安装“SQLite3”库

(9) 通过执行以上代码安装完"SQLite3"库后,输入并执行以下代码:

sudo apt install -y tk-dev

代码的执行结果如图 7-13 所示。

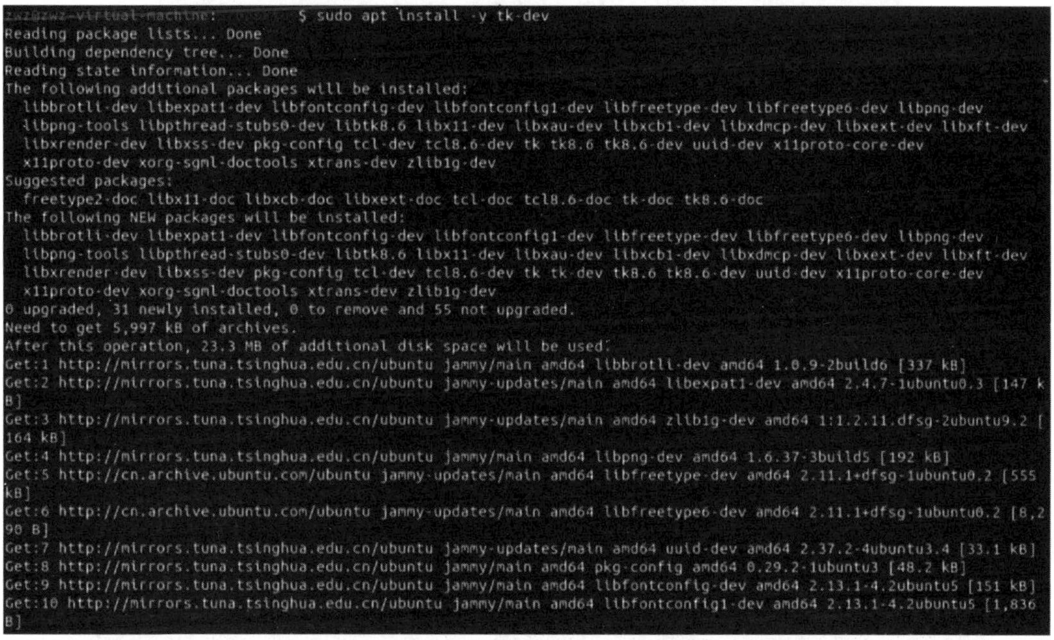

图 7-13 安装"Tkinter"库

(10) 在执行上述代码后,系统会自动安装"Tkinter"库。安装完成后,输入以下代码并执行:

sudo apt install -y libgdbm-dev

代码的执行结果如图 7-14 所示。

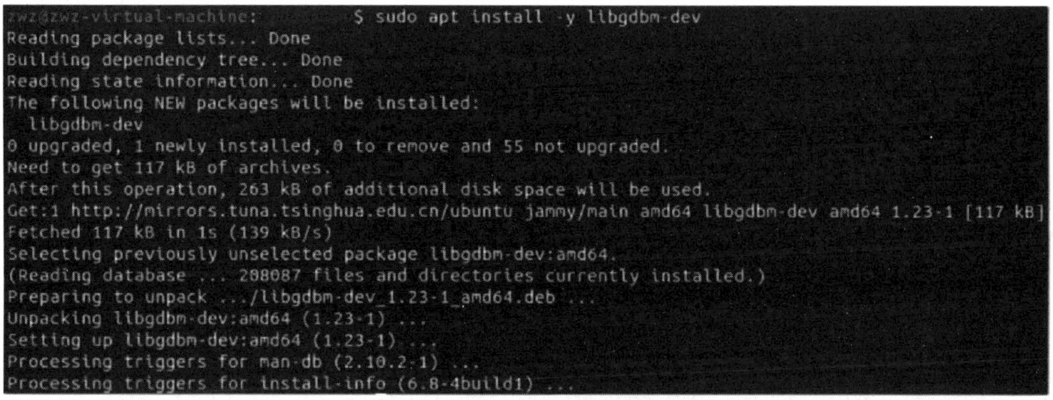

图 7-14 安装"GNU DBM"库

(11) 安装完"GNU DBM"库后,继续输入并执行以下代码,安装"GNU C"库:

```
sudo apt install -y libc6-dev
```

代码的执行结果如图 7-15 所示。

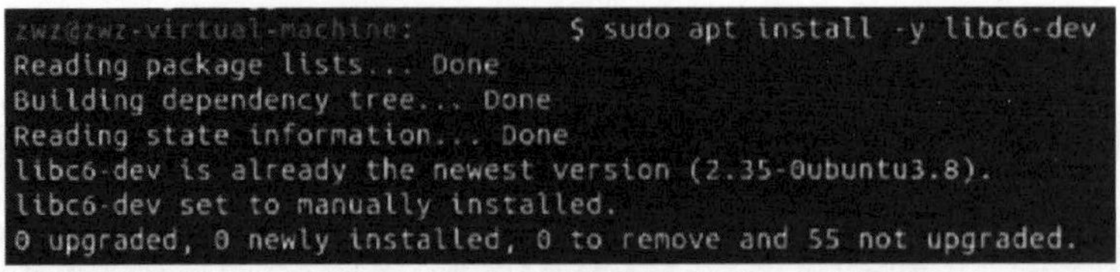

图 7-15　安装 "GNU C" 库

（12）在执行上述代码安装完成 "GNU C" 库后，输入并执行以下代码，安装 "Bzip2" 库：

```
sudo apt install -y libbz2-dev
```

代码的执行结果如图 7-16 所示。

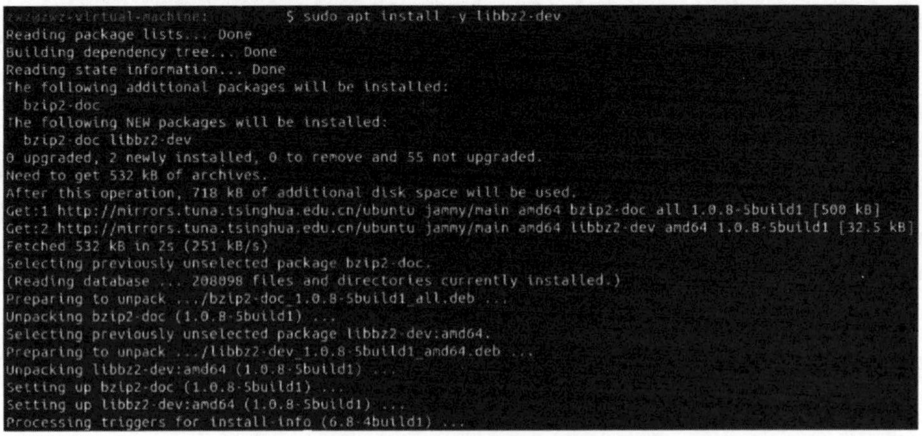

图 7-16　安装 "Bzip2" 库

（13）安装完 "Bzip2" 库后，输入并执行以下代码，安装 "libffi" 库：

```
sudo apt install -y libffi-dev
```

代码的执行结果如图 7-17 所示。

图 7-17　安装 "libffi" 库

(14) 在完成"libffi"库的安装后,输入并执行以下代码,安装"zlib"库:

sudo apt install -y zlib1g-dev

代码的执行结果如图 7-18 所示。

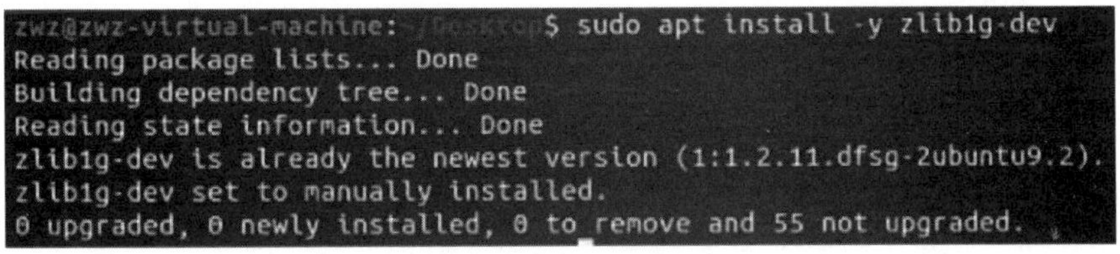

图 7-18　安装"zlib"库

(15) 输入并运行完上述代码后,系统会自动下载并安装编译 Python 所需的依赖项。

3. macOS

(1) 打开终端,编辑 ~/.zshrc 文件。

(2) 添加以下代码:

export PATH=$PATH:/usr/local/bin

(3) 保存文件并执行"source ~/.zshrc"命令使更改生效。

7.3　Python 3.8.5 安装实践

7.3.1　Windows 系统安装

1. 下载安装程序

访问 Python 官方网站(https://www.python.org/downloads/windows/),选择 Windows 系统版本,下载对应版本的安装程序(.exe 文件);保存安装程序到本地计算机。

2. 安装过程详解

(1) 运行安装程序:双击下载的安装程序,启动安装向导,具体操作如图 7-19 所示。

(2) 选择安装类型:选择"Install Now"选项,开始安装过程。

(3) 选择安装路径:默认安装路径为"C:\Python38",可以根据需要更改。

图 7-19　双击下载的安装程序

（4）勾选附加选项：可以选择"Add Python 3.8 to PATH"选项，将 Python 添加到系统环境变量中。

（5）安装：单击"Install"按钮开始安装。

具体操作流程如图 7-20~图 7-22 所示。

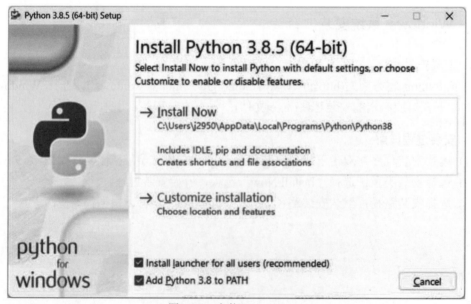

图 7-20　安装 Python 3.8.5

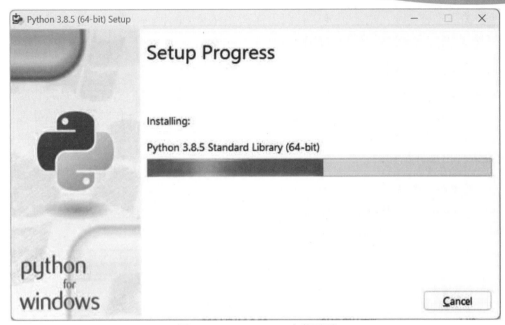

图 7-21 Python 3.8.5 安装页面

图 7-22 Python 3.8.5 安装完成页面

(6) 路径长度限制：可以勾选"Disable path length limit"选项，在 Python 中禁用路径长度限制，可以解决以下几个问题。

① 解决路径过长问题。

② 访问和处理文件：禁用路径长度限制可以解决路径超过 260 个字符导致的文件无法被正确访问和处理的问题。

③ 编程难度简化：对于需要进行深度嵌套文件操作的程序，禁用路径长度限制可以降低编程难度，避免处理路径长度限制带来的复杂性。

3. 系统兼容性问题

（1）影响整个系统。修改注册表禁用路径长度限制会影响整个系统，包括其他应用程序和系统组件对路径长度的限制。这可能导致一些隐患和风险，操作时需要谨慎处理。

（2）依赖路径长度限制的软件。某些软件可能依赖路径长度的限制，禁用后可能会导致这些软件出现异常行为。

4. 操作系统支持

（1）Windows 系统限制。在 Windows 操作系统中，路径长度限制为 260 个字符。禁用路径长度限制，可以使 Python 使用更长的路径，最多可达 4096 个字符。

（2）不同版本差异。尽管在 Windows 10 中已经得到了修复，但它不会自动启用，需要进行注册表或组策略设置才能执行此操作。

5. 潜在风险

（1）系统稳定性。禁用路径长度限制可能会影响系统的稳定性，尤其是在处理极长的路径时。

（2）数据备份。在进行此设置之前，建议备份系统数据，以便在出现问题时能够恢复到以前的状态。在本次安装中，我们对此不做禁用。

（3）完成安装。安装完成后，单击"Close"按钮关闭安装向导。

7.3.2 Linux 系统安装

1. 下载源代码

（1）在终端中输入并执行下载 Python 源代码：

```
cd /usr/src
sudo wget https://www.python.org/ftp/python/3.8.5/Python-3.8.5.tgz
```

代码的执行结果如图 7-23 所示。

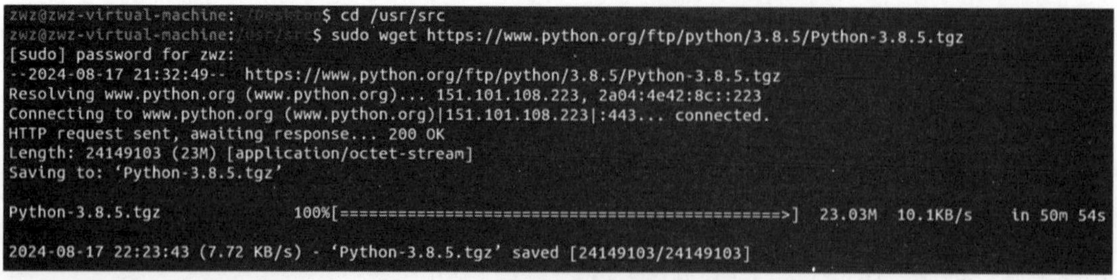

图 7-23　Linux 下载 Python 3.8.5

（2）解压源代码。如图 7-24 所示，输入并执行解压源代码：

```
sudo tar xzf Python-3.8.5.tgz
```

```
zwz@zwz-virtual-machine:        $ sudo tar xzf Python-3.8.5.tgz
```

图 7-24　Linux 解压源代码

2. 编译安装过程

(1) 如图 7-25 所示，输入代码进入解压后的源代码目录：

```
cd Python-3.8.5
```

```
zwz@zwz-virtual-machine:        $ cd Python-3.8.5
```

图 7-25　Linux 进入解压后的源代码目录

(2) 如图 7-26 所示，运行以下代码配置编译选项：

```
sudo ./configure --enable-optimizations
```

```
zwz@zwz-virtual-machine:                    $ sudo ./configure -enable-optimizations
checking build system type... x86_64-pc-linux-gnu
checking host system type... x86_64-pc-linux-gnu
checking for python3.8... no
checking for python3... python3
checking for --enable-universalsdk... no
checking for --with-universal-archs... no
checking MACHDEP... "linux"
checking for gcc... gcc
checking whether the C compiler works... yes
checking for C compiler default output file name... a.out
checking for suffix of executables...
checking whether we are cross compiling... no
checking for suffix of object files... o
checking whether we are using the GNU C compiler... yes
checking whether gcc accepts -g... yes
checking for gcc option to accept ISO C89... none needed
checking how to run the C preprocessor... gcc -E
checking for grep that handles long lines and -e... /usr/bin/grep
checking for a sed that does not truncate output... /usr/bin/sed
checking for --with-cxx-main=<compiler>... no
checking for g++... no
configure:

  By default, distutils will build C++ extension modules with "g++".
  If this is not intended, then set CXX on the configure command line.
```

图 7-26　Linux 配置编译项

(3) 如图 7-27 所示，输入并执行以下代码，进入 Linux 安装 Python：

```
sudo make install
```

```
zwz@zwz-virtual-machine:                        $ sudo make install
if test "no-framework" = "no-framework" ; then \
        /usr/bin/install -c python /usr/local/bin/python3.8; \
else \
        /usr/bin/install -c -s Mac/pythonw /usr/local/bin/python3.8; \
fi
if test "3.8" != "3.8"; then \
        if test -f /usr/local/bin/python3.8 -o -h /usr/local/bin/python3.8; \
        then rm -f /usr/local/bin/python3.8; \
        fi; \
        (cd /usr/local/bin; ln python3.8 python3.8); \
fi
if test -f libpython3.8.a && test "no-framework" = "no-framework" ; then \
        if test -n "" ; then \
                /usr/bin/install -c -m 755   /usr/local/bin; \
        else \
                /usr/bin/install -c -m 755 libpython3.8.a /usr/local/lib/libpython3.8.a; \
                if test libpython3.8.a != libpython3.8.a; then \
                        (cd /usr/local/lib; ln -sf libpython3.8.a libpython3.8.a) \
                fi \
        fi; \
        if test -n ""; then \
                /usr/bin/install -c -m 755   /usr/local/lib/; \
        fi; \
else    true; \
fi
if test "x" != "x" ; then \
        rm -f /usr/local/binpython3.8-32; \
        lipo  \
                -output /usr/local/bin/python3.8-32 \
                /usr/local/bin/python3.8; \
fi
 CC='gcc' LDSHARED='gcc -shared   ' OPT='-DNDEBUG -g -fwrapv -O3 -Wall'       _TCLTK_INCLUDES='' _TCLTK_LIBS='' \
/python -E ./setup.py  build
running build
running build_ext
```

图 7-27　Linux 安装 Python

7.3.3　macOS 系统安装

1. 使用 Homebrew 安装

（1）安装 Homebrew 包管理器：

```
/bin/bash -c "$(curl -fsSL https://raw.githubusercontent.com/Homebre/install/HEAD/install.sh)"
```

（2）使用 Homebrew 安装 Python：

```
brew install python
```

2. 使用 Python 官网安装

（1）下载 Python 安装程序：

```
curl -O https://www.python.org/ftp/python/3.8.5/python-3.8.5-macosx
```

（2）安装 Python：

```
sudo installer -pkg python-3.8.5-macosx10.9.pkg -target /
```

7.4 Python 3.8.5 安装相关疑难解答

本节将详细介绍 Python 3.8.5 安装过程中的常见问题和可能遇到的高级安装问题，并提供相应的解决方案。

7.4.1 常见安装问题

在安装 Python 时可能会遇到一些问题，以下是一些常见安装问题及其解决方案。

1. 安装时无法选择自定义路径

解决方案：

(1) 在安装 Python 时，确保以管理员权限运行安装程序，这样可以在安装过程中选择自定义路径。

(2) 在安装向导中，通常有一个"Customize"或"Advanced"选项，允许用户自定义安装路径。

2. 多个 Python 版本冲突

解决方案：

(1) 如果系统中安装了多个 Python 版本，确保环境变量 PATH 指向的是正确的版本。

(2) 使用"pyenv"(Linux/macOS)或"py"(Windows)这样的版本管理工具来管理不同的 Python 版本。

3. 安装目录权限问题

解决方案：

(1) 确保有足够的权限来写入自定义的安装路径。如果没有，尝试以管理员身份运行安装程序或终端。

(2) 在 Linux 或 macOS 系统上，可能需要使用"sudo"命令来安装 Python 到系统级别的目录。

4. Python 包安装位置不正确

解决方案：

使用"--user"选项来安装 Python 包，这样可以避免权限问题，并且可以指定安装位置。例如，"pip install --user package_name"。

5. 系统找不到 Python

解决方案：

(1) 如果系统找不到 Python，检查环境变量 PATH 是否包含了 Python 的路径。

(2) 确保在安装 Python 时选择了"Add Python to PATH"或类似的选项。

6. 脚本运行时找不到 Python

解决方案：

(1) 确保脚本第一行使用了正确的 shebang（如"#!/usr/bin/env python"），这样系统可以知道脚本需要哪个 Python 解释器来执行。

(2) 如果脚本依赖特定的 Python 版本，请确保指向了正确的版本路径。

7.4.2 高级安装问题

1. 依赖库缺失问题

在安装 Python 3.8.5 时，可能会遇到依赖库缺失的问题。这通常是因为系统中缺少某些必需的库或组件。

解决方案如下。

(1) Windows系统：使用 Microsoft Visual C++ Redistributable for Visual Studio 2015—2019 安装程序安装 Visual C++运行库。

(2) Linux 系统：使用 sudo apt-get install 或 sudo yum install 安装缺少的库，如 zlib1g-dev、libssl-dev 和 libbz2-dev。

(3) macOS 系统：使用 brew install 安装缺少的库，如 openssl 和 readline。

2. 环境变量未配置问题

如果环境变量未正确配置，可能会导致 Python 无法正常运行。

解决方案如下。

(1) Windows 系统：在"系统属性"中找到"环境变量"，添加新的系统变量 PATH，值为 Python 安装目录的 Scripts 文件夹路径。

(2) Linux 系统：在.bashrc 或.zshrc 文件中添加以下代码：

```
export PATH=$PATH:/usr/local/bin
```

(3) macOS 系统：在.bash_profile 或.zshrc 文件中添加以下代码：

```
export PATH=$PATH:/usr/local/bin
```

7.5 Python 3.8.5 环境配置和使用

配置 Python 环境可以比作为厨师准备一间厨房。一间厨房需要各种工具和食材，如刀、锅、炉子、油盐酱醋等，这些都是制作美食所必需的。对于 Python 而言，环境配置就相当于这间"厨房"。Python 环境配置包括 Python 解释器、库和框架、开发工具以及版本控制工具。Python 解释器相当于炉子，是运行 Python 代码的核心工具，没有它，代码就像未经烹饪的食材，无法变成可执行的程序。库和框架则如同调料和食材，它们扩展了 Python 的功能，使其能够处理网页、操作数据库、制作图形界面等。开发工具，如集成开发环境(IDE)，则像是高级厨房设备，使得编写代码更加便捷，调试过程更加高效。版本控制工具，如 Git，帮助管理代码的变化，就像食谱书一样，记录了制作菜肴的每一个步骤。

配置 Python 环境的必要性在于不同的项目可能需要不同的"工具"和"食材"。例如，开发一个网站和一个数据分析项目所需的库和工具是不同的。环境配置确保了拥有正确的工具和资源来完成特定的项目。因此，配置 Python 环境的目的是让 Python 能够根据项目的需求运行，就像为厨师提供一间合适的厨房，使其能够制作出美味的菜肴。

7.5.1 环境变量配置

1. PATH 环境变量设置

PATH 环境变量指定了系统在执行命令时搜索可执行文件的路径。为了在命令行中直接使用 Python 命令，需要将 Python 安装目录添加到 PATH 环境变量中，具体操作如下。

(1) 在 Windows 系统中，打开"控制面板"—"系统和安全"—"系统"—"高级系统设置"—"环境变量"。在"系统变量"列表中找到 PATH 变量，并单击"编辑"。在"变量值"字段添加 Python 安装目录的路径，如：

```
C:\Python38
```

(2) 在 Linux 和 macOS 系统中，打开终端窗口并运行以下代码：

```
export PATH=/path/to/python38:$PATH
```

其中，"/path/to/python38"是 Python 安装目录的路径。

2. PYTHONPATH 环境变量设置

PYTHONPATH 环境变量指定了 Python 解释器在导入模块时搜索模块的路径。如果需要导入自定义模块或第三方库，可以将它们的路径添加到 PYTHONPATH 环境变量中。

(1) 在 Windows 系统中，使用与 PATH 环境变量设置相同的方法设置 PYTHONPATH 环境变量。

(2) 在 Linux 和 macOS 系统中，运行以下代码：

```
export PYTHONPATH=/path/to/custom_modules:$PYTHONPATH
```

其中，"/path/to/custom_modules"是自定义模块的路径。

7.5.2 Python 命令行使用

1. Python 交互式命令行

Python 交互式命令行允许用户直接与 Python 解释器交互，输入 Python 语句并获得即时结果。要启动 Python 交互式命令行，需打开终端窗口并输入以下代码：

```
Python
```

运行结果如图 7-28 所示。

图 7-28 检测 Python 是否安装成功

在交互式命令行中，可以输入 Python 语句并按 Enter 键执行。

例如：

>>> print("Hello, world!")
Hello, world!

代码的运行结果如图 7-29 所示。

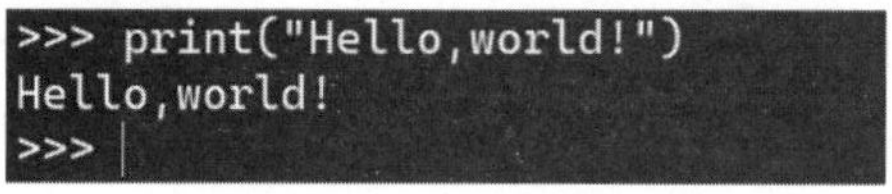

图 7-29 输入代码执行

2. Python 脚本运行

Python 脚本是包含 Python 语句的文件，可以保存为扩展名为.py 的文件。要运行 Python 脚本，须在终端窗口中导航到脚本所在目录并输入以下代码：

python script.py

其中，"script.py"是脚本的文件名。

如果有一个名为 hello_world.py 的脚本，其内容如下：

print("Hello, world!")

则可以运行以下脚本：

python hello_world.py

输出结果如下：

Hello, world!

7.6 虚拟环境管理

在 Python 的使用中，为什么要进行虚拟软件管理呢？想象一下，一间厨房里，不同的菜肴需要不同的食材和调料。如果所有的食材和调料都混杂在一起，那么在制作一道精致的菜肴时，可能会不小心用了不适合的调料，或者在做另一道菜时不小心加入了不恰当的食材，这不仅会破坏食物的味道，还可能造成食材的浪费。

现在，如果有一个魔法冰箱，可以为每种菜肴准备一个独立的隔间，每个隔间里都只存放制作该菜肴所需的特定食材和调料。当需要制作寿司时，只需打开寿司的隔间，里面只有需要的寿司醋和芥末，不会与其他料理的食材混淆。这就是虚拟环境管理的妙处。

虚拟环境管理的必要性体现在以下几个方面。

(1) 保持纯净：每个项目都有自己独立环境，这样保持了项目的纯洁性和独立性。

(2) 避免浪费：无须担心一个项目占用了另一个项目所需要的资源，每个项目都有自己的资源，不会互相影响。

(3) 方便切换：可以轻松地从一个项目切换到另一个项目，而不需要重新准备所有的工具。

(4) 精准控制：每个虚拟环境都是独立的，不同的项目使用不同版本的库。

(5) 减少错误：因为每个项目的环境都是独立的，所以一个项目的问题不会影响其他项目，减少了错误传播的风险。

(6) 便于分享：可以通过命令一键复现开发环境，减少配置时间。

所以虚拟环境管理就像是给项目一个干净的、独立的"魔法冰箱"，让每个项目都能顺利进行，而不会相互干扰。这样，无论是做网站、数据分析还是机器学习，都能确保有一个合适的环境来完成项目。

7.6.1 使用 virtualenv 创建虚拟环境

virtualenv 是一个创建和管理 Python 虚拟环境的工具。虚拟环境是独立的 Python 解释器实例，具有自己的包和依赖项。这有助于隔离不同的项目和避免包冲突。

要创建虚拟环境，输入并执行以下代码：

```
virtualenv venv
```

其中，"venv"是虚拟环境的名称。

7.6.2 管理和激活虚拟环境

(1) 激活虚拟环境，可输入并执行以下代码：

```
source venv/bin/activate
```

(2) 激活虚拟环境后，虚拟环境的包和命令将可用于当前 shell。

(3) 退出虚拟环境，可输入并执行以下代码：

```
deactivate
```

(4) 删除虚拟环境，可输入并执行以下代码：

```
rm -rf venv
```

7.7 Python 开发工具

Python 开发工具包括一系列帮助开发者更高效地编写、调试、测试和部署 Python 代码的工具。这些工具可以分为两大类：集成开发环境和命令行工具。在人工智能领域，Python 因其强大的库支持和社区活跃度而成为首选的编程语言。以下是一些人工智能方向常用的 Python 工具。

7.7.1 TensorFlow

TensorFlow 是 Google 开发和维护的开源机器学习框架，用于进行数值计算，特别适合构建和训练深度学习模型。以下是对 TensorFlow 的详细介绍。

1. TensorFlow 的主要特点

(1) 灵活性。TensorFlow 支持多种平台，包括桌面、服务器、移动设备和 Web；可以在 CPU、GPU 和 TPU(Tensor Processing Unit)上运行，提供了高效的计算能力。

(2) 易用性。TensorFlow 提供了高级的 API，如 Keras，使得构建和训练模型变得更加简单和直观；提供了低级 API，允许用户对模型的每个细节进行控制和优化。

(3) 可扩展性。TensorFlow 支持分布式计算，可以在多个 GPU 或多个机器上训练大型模型；通过 TensorFlow Serving，可以将训练好的模型部署到生产环境中，提供实时预测服务。

(4) 广泛的社区和生态系统。TensorFlow 拥有庞大的用户社区和丰富的第三方库和工具，支持各种任务和应用场景；提供了大量预训练模型和示例代码，帮助用户快速上手和应用。

2. TensorFlow 的核心组件

(1) Tensor。TensorFlow 的基本数据结构是张量(tensor)，它是一个多维数组，可以表示各种数据类型，包括标量、向量、矩阵等。

(2) 计算图。TensorFlow 使用计算图(computation graph)来表示计算过程。计算图由节点(node)和边(edge)组成，节点表示操作(operation)，边表示数据流(tensor)。

(3) 会话(session)。会话用于执行计算图中的操作。通过会话，可以将计算图映射到物理设备(如 CPU 或 GPU)上进行计算。

3. TensorFlow 的应用场景

(1) 图像处理。图像分类、目标检测、图像生成等任务。例如，使用 CNN 进行图像分类。

(2) 自然语言处理。语言模型、机器翻译、文本生成等任务。例如，使用 RNN 或 Transformer 模型进行文本处理。

(3) 强化学习。训练智能体在复杂环境中进行决策。例如，使用深度 Q 网络(DQN)进行游戏人工智能开发。

(4) 时间序列分析。预测股票价格、天气预报等任务。例如，使用 LSTM 进行时间序列预测。

4. TensorFlow 的安装和使用

(1) 安装 TensorFlow。

① 可以通过"pip"安装 TensorFlow，其示例代码如下：

```bash
pip install tensorflow
```

② 如果需要使用 GPU 版本，其示例代码如下：

```bash
pip install tensorflow-gpu
```

(2) 基本使用示例。下面我们给出一个简单的 TensorFlow 示例，演示如何创建和训练一个线性回归模型。其代码示例如下：

```python
import tensorflow as tf
import numpy as np
# 生成一些随机数据
X = np.random.rand(100).astype(np.float32)
Y = 3.0 * X + 2.0 + np.random.normal(scale=0.1, size=100)
# 创建模型
model = tf.keras.Sequential([tf.keras.layers.Dense(1, input_shape=(1,))])
# 编译模型
model.compile(optimizer='sgd', loss='mean_squared_error')
# 训练模型
model.fit(X, Y, epochs=100)
# 打印模型的权重和偏置
for layer in model.layers:
    weights, biases = layer.get_weights()
    print(f"Weights: {weights}, Biases: {biases}")
```

TensorFlow 由于其强大的计算能力和丰富的生态系统被广泛应用，成为许多研究人员和工程师的首选工具。无论初学者还是经验丰富的开发者，TensorFlow 都能为其提供所需的工具和资源，帮助其实现机器学习项目。

7.7.2 PyTorch

PyTorch 是一个由 Facebook AI Research Lab 开发并开源的动态神经网络库，以其灵活性、易用性和优秀的 GPU 加速计算能力受到研究者的青睐；是一个开源的深度学习框架，由 Facebook 的人工智能研究小组(FAIR)开发和维护。它在研究界和工业界都被广泛使用，特别是在自然语言处理和计算机视觉领域。下面将对 PyTorch 进行详细介绍。

1. PyTorch 的主要特点

(1) 动态计算图。PyTorch 使用动态计算图(dynamic computation graph)[也称即时执行

模式(eager execution)]，这意味着计算图在运行时构建和修改，使得调试和开发变得更加直观和灵活。

(2) 易用性。

① PyTorch 的 API 设计简洁直观，类似于 NumPy，使得数据操作和模型构建更加容易。

② 具有强大的自动求导功能(autograd)，可以自动计算梯度，简化了反向传播的实现。

(3) 灵活性。

① PyTorch 允许用户自由定义和修改模型的结构，适合进行复杂和自定义的模型设计。

② 支持自定义层和操作，满足研究和开发中的各种需求。

(4) 强大的社区和生态系统。

① PyTorch 拥有活跃的社区和大量的第三方库和工具，如 torchvision(用于图像处理)、torchtext(用于自然语言处理)和 torchaudio(用于音频处理)。

② 提供了丰富的教程、文档和示例代码，帮助用户快速上手。

2. PyTorch 的核心组件

(1) 张量。

① PyTorch 的基本数据结构是张量，类似于 NumPy 的 ndarray，但具有 GPU 加速的能力。

② 支持多种操作和计算，并且可以在 CPU 和 GPU 之间无缝切换。

(2) 自动求导。

① PyTorch 的自动求导引擎可以自动计算张量操作的梯度，简化了反向传播的实现。

② 通过记录操作历史，可以轻松实现复杂的梯度计算。

(3) 神经网络模块。

① PyTorch 提供了丰富的神经网络模块和层(如卷积层、全连接层、RNN 等)，帮助用户快速构建深度学习模型。

② PyTorch 提供了优化器、损失函数和数据加载工具，简化了模型训练流程。

3. PyTorch 的应用场景

(1) 图像处理。PyTorch 在计算机视觉领域被广泛应用，如图像分类、目标检测、图像生成等。例如，使用 CNN 进行图像分类。

(2) 自然语言处理。PyTorch 在自然语言处理领域也有广泛应用，如语言模型、机器翻译、文本生成等。例如，使用 RNN 或 Transformer 模型进行文本处理。

(3) 强化学习。PyTorch 常用于训练智能体在复杂环境中进行决策。例如，使用深度 Q 网络(DQN)进行游戏人工智能开发。

(4) 时间序列分析。PyTorch 适用于时间序列预测、股票价格预测、天气预报等任务。例如，使用 LSTM 进行时间序列预测。

4. PyTorch 的安装和使用

(1) 安装 PyTorch。

① 可以通过"pip"安装 PyTorch，具体命令取决于操作系统和硬件配置。以下是一个示例：

```bash
pip install torch torchvision torchaudio
```

② 如果需要使用 GPU 版本,可以指定 CUDA 版本,其示例代码如下:

```bash
pip install torch torchvision torchaudio --index-url https://download.pytorch.org/whl/cu113
```

(2) 基本使用示例。下面是一个简单的 PyTorch 示例,演示如何创建和训练一个线性回归模型。其代码示例如下:

```python
import torch
import torch.nn as nn
import torch.optim as optim
# 生成一些随机数据
X = torch.rand(100, 1)
Y = 3.0 * X + 2.0 + torch.randn(100, 1) * 0.1
# 创建模型
model = nn.Linear(1, 1)
# 定义损失函数和优化器
criterion = nn.MSELoss()
optimizer = optim.SGD(model.parameters(), lr=0.01)
# 训练模型
for epoch in range(100):
    optimizer.zero_grad()
    outputs = model(X)
    loss = criterion(outputs, Y)
    loss.backward()
    optimizer.step()
# 打印模型的权重和偏置
for param in model.parameters():
    print(param.data)
```

PyTorch 是一个功能强大且灵活的深度学习框架,特别适合研究和快速原型开发。它的动态计算图和直观的 API 设计,使得调试和开发变得更加容易。无论是初学者还是经验丰富的开发者,PyTorch 都能为其提供所需的工具和资源,以帮助其实现机器学习和深度学习项目。

7.7.3 Keras

Keras 是一个高层神经网络 API,可以作为 TensorFlow 或 Theano 的接口。它提供了简单易用的 API 来快速设计、构建和训练模型,是一个高级神经网络 API,最初由 François Chollet 开发,设计用于快速构建和实验深度学习模型。Keras 旨在简化深度学习模型的构建和训练过程,使其更易于使用和理解。下面将对 Keras 进行详细介绍。

1. Keras 的主要特点

(1) 用户友好。Keras 提供了简洁、直观的 API，使得模型的构建、训练和评估变得非常简单。其设计理念是将用户体验放在首位，降低深度学习的入门门槛。

(2) 模块化和可扩展性。Keras 是高度模块化的，所有构建块(如神经层、损失函数、优化器等)都是独立的模块，可以方便地组合和扩展；支持自定义层、损失函数和优化器，满足特殊需求。

(3) 多后端支持。Keras 最初支持多个后端，包括 TensorFlow、Theano 和 Microsoft Cognitive Toolkit (CNTK)。从 TensorFlow 2.0 开始，Keras 已经完全集成到 TensorFlow 中，成为其官方高级 API。

(4) 广泛的应用场景。Keras 适用于各种深度学习任务，包括图像处理、自然语言处理、时间序列分析等。Kera 提供了大量的预训练模型和示例代码，帮助用户快速上手。

2. Keras 的核心组件

(1) 模型。Keras 提供了两种主要的模型类型：顺序模型(sequential)和函数式 API(functional API)。顺序模型适用于简单的线性堆叠模型，而函数式 API 则适用于更复杂的模型，如多输入多输出模型、共享层模型等。

(2) Layer 层。

① Keras 提供了各种常用的神经网络层，如卷积层(Conv2D)、循环层(LSTM)、全连接层(dense)等。

② 用户可以通过简单的代码将这些层组合在一起，构建复杂的神经网络。

(3) 损失函数和优化器。

① Keras 提供了多种常用的损失函数和优化器，用户可以根据具体任务选择合适的损失函数和优化器。

② Keras 支持自定义损失函数和优化器，以满足特定需求。

(4) 数据处理和增强。Keras 提供了方便的数据预处理工具和数据增强功能，可以轻松处理和增强图像、文本等数据。例如，使用"ImageDataGenerator"进行图像数据增强。

3. Keras 的安装和使用

(1) 安装 Keras。Keras 已经集成到 Tensorflow 中，因此只需要安装 Tensorflow 即可使用 Keras。其代码示例如下：

```bash
pip install tensorflow
```

(2) 基本使用示例。下面是一个简单的 Keras 示例，演示如何创建和训练一个线性回归模型。其代码示例如下：

```python
import tensorflow as tf
from tensorflow.keras.models import Sequential
from tensorflow.keras.layers import Dense
# 生成一些随机数据
```

```
import numpy as np
X = np.random.rand(100).astype(np.float32)
Y = 3.0 * X + 2.0 + np.random.normal(scale=0.1, size=100)
# 创建顺序模型
model = Sequential([
Dense(1, input_shape=(1,))
])
# 编译模型
model.compile(optimizer='sgd', loss='mean_squared_error')
# 训练模型
model.fit(X, Y, epochs=100)
# 打印模型的权重和偏置
for layer in model.layers:
    weights, biases = layer.get_weights()
    print(f"Weights: {weights}, Biases: {biases}")
```

4. Keras 的应用场景

(1) 图像处理。Keras 广泛用于图像分类、目标检测、图像生成等任务。例如，使用 CNN 进行图像分类。

(2) 自然语言处理。Keras 也广泛用于自然语言处理任务，如文本分类、机器翻译、文本生成等。例如，使用 RNN 或 Transformer 模型进行文本处理。

(3) 时间序列分析。Keras 适用于时间序列预测、股票价格预测、天气预报等任务。例如，使用 LSTM 进行时间序列预测。

Keras 是一个功能强大且易于使用的深度学习框架，特别适合快速原型开发和实验。其简洁的 API 和模块化设计，使得模型的构建和训练变得非常直观和高效。无论是初学者还是经验丰富的开发者，Keras 都能为其提供所需的工具和资源，以帮助其实现深度学习项目。

7.7.4 Scikit-learn

Scikit-learn 是基于 NumPy、Matplotlib 和其他第三方软件包的 Python 开源数据挖掘和数据分析库，它提供了大量的监督和非监督学习算法，基于 SciPy(科学计算库)构建，提供了简单高效的工具用于数据挖掘和数据分析。它是数据科学和机器学习领域流行的库之一。下面将对 Scikit-learn 进行详细介绍。

1. Scikit-learn 的主要特点

(1) 丰富的算法库。Scikit-learn 包含了大量经典机器学习算法，包括分类、回归、聚类、降维和模型选择等。例如，Scikit-learn 支持线性回归、逻辑回归、支持向量机、决策树、随机森林、K 均值聚类、PCA 等。

(2) 易用性。Scikit-learn 提供了统一且简洁的 API，使得模型的训练、预测和评估变得非常直观。其设计理念是简单、有效和一致，降低了机器学习的入门门槛。

(3) 集成性。Scikit-learn 与其他科学计算库(如 NumPy、SciPy 和 Matplotlib)紧密集成，方便进行数据处理、数值计算和可视化。Scikit-learn 也可以与 Pandas 数据框无缝结合，便于数据处理和分析。

(4) 高效性。Scikit-learn 的许多算法是用 Cython(C 的 Python 超集)编写的,具有较高的执行效率。Scikit-learn 支持并行计算,可以利用多核 CPU 提升计算速度。

2. Scikit-learn 的核心组件

(1) 数据预处理。Scikit-learn 提供了丰富的数据预处理工具,如标准化、归一化、缺失值处理、特征编码等。例如,使用"StandardScaler"进行数据标准化,其代码示例如下:

```python
from sklearn.preprocessing import StandardScaler
scaler = StandardScaler()
X_scaled = scaler.fit_transform(X)
```

(2) 分类和回归。Scikit-learn 提供了多种分类和回归算法,如逻辑回归、支持向量机、决策树、随机森林、k-NN 等。例如,使用逻辑回归进行分类,其代码示例如下:

```python
from sklearn.linear_model import LogisticRegression
model = LogisticRegression()
model.fit(X_train, y_train)
y_pred = model.predict(X_test)
```

(3) 聚类。Scikit-learn 提供了多种聚类算法,如 K 均值、层次聚类、DBSCAN 等。例如,使用 K 均值进行聚类,其代码示例如下:

```python
from sklearn.cluster import KMeans
kmeans = KMeans(n_clusters=3)
kmeans.fit(X)
y_kmeans = kmeans.predict(X)
```

(4) 降维。Scikit-learn 提供了多种降维技术,如 PCA、LDA、奇异值分解(SVD)等。例如,使用 PCA 进行降维,其代码示例如下:

```python
from sklearn.decomposition import PCA
pca = PCA(n_components=2)
X_pca = pca.fit_transform(X)
```

(5) 模型选择和评估。Scikit-learn 提供了多种模型选择和评估方法,如交叉验证、网格搜索、随机搜索、模型评估指标等。例如,使用交叉验证评估模型,其代码示例如下:

```python
from sklearn.model_selection import cross_val_score
scores = cross_val_score(model, X, y, cv=5)
```

3. Scikit-learn 的安装和使用

(1) 安装 Scikit-learn。可以通过"pip"安装 Scikit-learn。

```bash
```

```
pip install scikit-learn
```

(2) 基本使用示例。下面是一个简单的 Scikit-learn 示例，演示如何使用逻辑回归进行分类，其代码示例如下：

```python
import numpy as np
from sklearn.model_selection import train_test_split
from sklearn.linear_model import LogisticRegression
from sklearn.metrics import accuracy_score
# 生成一些随机数据
X, y = np.random.rand(100, 2), np.random.randint(0, 2, 100)
# 划分训练集和测试集
X_train, X_test, y_train, y_test = train_test_split(X, y, test_size=0.2, random_state=42)
# 创建和训练模型
model = LogisticRegression()
model.fit(X_train, y_train)
# 预测和评估
y_pred = model.predict(X_test)
accuracy = accuracy_score(y_test, y_pred)
print(f"Accuracy: {accuracy}")
```

4. Scikit-learn 的应用场景

(1) 分类任务。Scikit-learn 广泛用于各种分类任务，如图像分类、文本分类、垃圾邮件检测等。例如，使用支持向量机进行文本分类。

(2) 回归任务。Scikit-learn 适用于各种回归任务，如房价预测、股票价格预测等。例如，使用线性回归进行房价预测。

(3) 聚类任务。Scikit-learn 常用于聚类分析，如客户分群、图像分割等。例如，使用 K 均值进行客户分群。

(4) 降维任务。Scikit-learn 适用于数据降维和可视化，如高维数据的降维、特征选择等。例如，使用 PCA 进行数据可视化。

Scikit-learn 是一个功能强大且易于使用的机器学习库，特别适合数据挖掘和数据分析。其丰富的算法库和简洁的 API 设计，使得机器学习模型的构建、训练和评估变得非常直观和高效。无论是初学者还是经验丰富的数据科学家，Scikit-learn 都能为其提供所需的工具和资源，以帮助其实现机器学习项目。

7.7.5 Pandas

Pandas 是一个提供高性能、易用数据结构和数据分析工具的库。在处理结构化数据时 Pandas 非常有用，如 CSV 文件和 Excel 表格，是一个强大的开源数据分析和数据处理工具库，基于 Python 编程语言。Pandas 提供了高效、便捷的数据结构和数据分析工具，特别适合处理和分析结构化数据。Pandas 主要用于数据清洗、数据操作、数据分析和可视化等任务。下面将对 Pandas 进行详细介绍。

1. Pandas 的主要特点

(1) 数据结构。Pandas 提供了两种主要的数据结构，即 Series 和 DataFrame。

① Series 是一种类似于一维数组的对象，带有索引。

② DataFrame 是一种二维的表格数据结构，类似于电子表格或 SQL 表格，具有行索引和列标签。

(2) 数据处理和操作。

① Pandas 提供了丰富的数据处理和操作功能，如数据筛选、数据合并、数据分组、数据透视、数据重塑等。

② 支持高效的数据读取和写入，能够处理多种文件格式，如 CSV、Excel、SQL 数据库、JSON 等。

(3) 数据清洗和准备。

① Pandas 提供了强大的数据清洗功能，可以方便地处理缺失值、重复值、数据转换等。

② Pandas 支持数据类型转换、字符串操作、时间序列处理等。

(4) 数据分析和统计。

① Pandas 提供了丰富的数据分析和统计功能，如描述性统计、相关性分析、数据聚合等。

② Pandas 支持与 NumPy、SciPy 等科学计算库的无缝集成，便于进行复杂的数值计算和统计分析。

(5) 数据可视化。

① Pandas 与 Matplotlib、Seaborn 等可视化库集成，支持直接在 DataFrame 上进行数据可视化。

② Pandas 提供了简单易用的绘图接口，便于快速生成各种图表。

2. Pandas 的安装和使用

(1) 安装 Pandas。可以通过"pip"安装 Pandas，其示例代码如下：

```bash
pip install pandas
```

(2) 基本使用示例。下面是一个简单的 Pandas 示例，输入并执行以下代码，演示如何创建 DataFrame、进行基本数据操作和分析。

```python
import pandas as pd
# 创建 DataFrame
data = {
'Name': ['Alice', 'Bob', 'Charlie', 'David', 'Eve'],
'Age': [24, 27, 22, 32, 28],
'City': ['New York', 'Los Angeles', 'Chicago', 'Houston', 'Phoenix']
}
df = pd.DataFrame(data)
# 查看 DataFrame
print(df)# 基本数据操作
```

```
print(df.describe())
# 描述性统计
print(df['Age'].mean())
# 计算平均年龄
print(df[df['Age'] > 25])
# 筛选年龄大于 25 岁的行
# 数据可视化
df['Age'].plot(kind='hist', title='Age Distribution')
```

3. Pandas 的核心组件

(1) Series。Series 是 Pandas 中的一种一维数据结构，类似于带有标签的一维数组。例如，输入并执行以下代码创建一个 "Series"：

```python
import pandas as pd
s = pd.Series([1, 2, 3, 4, 5], index=['a', 'b', 'c', 'd', 'e'])
print(s)
```

(2) DataFrame。DataFrame 是 Pandas 中的核心数据结构，类似于二维数组或表格数据。例如，输入并执行以下代码创建一个 DataFrame：

```python
import pandas as pd
data = {
'A': [1, 2, 3],
'B': [4, 5, 6],
'C': [7, 8, 9]
}
df = pd.DataFrame(data)
print(df)
```

(3) 数据读取和写入。Pandas 支持从多种文件格式读取数据，如 CSV、Excel、SQL 数据库、JSON 等。例如，输入并执行以下代码，从 CSV 文件读取数据：

```python
df = pd.read_csv('data.csv')
print(df)
```

(4) 数据清洗和处理。Pandas 提供了丰富的数据清洗和处理功能，如处理缺失值、数据转换等。例如，输入并执行以下代码，处理缺失值：

```python
df = df.dropna()
# 删除缺失值
df = df.fillna(0)
# 用 0 填充缺失值
```

(5) 数据分析和统计。Pandas 提供了丰富的数据分析和统计功能，如描述性统计、数据聚合等。例如，输入并执行以下代码，计算描述性统计：

```python
print(df.describe())
```

4．Pandas 的应用场景

(1) 数据清洗和准备。Pandas 广泛用于数据清洗和准备，如处理缺失值、数据转换、数据合并等。例如，处理大型数据集中的缺失值和重复值。

(2) 数据分析和统计。Pandas 适用于各种数据分析和统计任务，如描述性统计、数据聚合、数据透视等。例如，进行市场分析、客户分析等。

(3) 时间序列分析。Pandas 提供了强大的时间序列处理功能，适用于时间序列数据的分析和处理。例如，进行股票价格分析、天气数据分析等。

(4) 数据可视化。Pandas 可以与 Matplotlib、Seaborn 等可视化库结合，生成各种图表进行数据可视化。例如，绘制数据分布图、时间序列图等。

总而言之，Pandas 是一个功能强大且易于使用的数据分析和数据处理库，特别适合处理和分析结构化数据。其丰富的数据结构和数据处理工具，使得数据清洗、数据操作和数据分析变得非常直观和高效。无论是初学者还是经验丰富的数据科学家，Pandas 都能为其提供所需的工具和资源，以帮助其实现数据分析项目。

7.7.6　NumPy

NumPy 是 Python 的一个基础数学函数库，提供对多维数组对象的支持以及丰富的数学函数库。NumPy 是科学计算的基础，对于任何需要进行大量数值运算的项目来说都是必不可少的，是一个用于科学计算的开源 Python 库。NumPy 提供了支持大规模多维数组和矩阵运算的高性能数据结构，以及对这些数组进行数学运算的函数库。NumPy 是许多其他科学计算库(如 SciPy、Pandas、Matplotlib 等)的基础，是数据科学和机器学习领域不可或缺的工具。以下是对 NumPy 的详细介绍。

1．NumPy 的主要特点

(1) 多维数组对象(ndarray)。

① NumPy 提供了一个强大的 N 维数组对象 ndarray，用于存储同质数据(数据类型相同的元素)。

② 数组可以是多维的(如一维、二维、三维等)，并且可以进行高效的数值计算。

(2) 高效的数值计算。

① NumPy 提供了大量数学函数，用于数组的快速运算，如基本的算术运算、统计运算、线性代数运算、傅里叶变换等。

② 许多运算在底层使用 C 语言实现，具有极高的性能。

(3) 广播机制。NumPy 的广播机制允许不同形状的数组在算术运算中进行对齐，简化了数组运算的代码编写。例如，可以将一个标量值与一个数组进行运算，或将一个较小的数组与一个较大的数组进行运算。

(4) 数组操作和变形。

① NumPy 提供了丰富的数组操作函数，如数组切片、索引、拼接、分割、变形等。

② NumPy 支持数组的转置、轴交换、展平等操作。

(5) 集成性。

① NumPy 可以与其他科学计算库(如 SciPy、Pandas、Matplotlib 等)无缝集成，便于进行数值计算、数据分析和可视化。

② NumPy 可以与 C、C++和 Fortran 代码集成，扩展其功能和性能。

2. NumPy 的安装和使用

(1) 安装 NumPy。可以通过"pip"安装 NumPy，其示例代码如下：

```
NumPy：
bash
pip install numpy
```

(2) 基本使用示例。下面是一个简单的 NumPy 示例，演示如何创建数组、进行基本运算和操作，其示例代码如下：

```python
python
import numpy as np
# 创建数组
a = np.array([1, 2, 3, 4, 5])
b = np.array([[1, 2, 3], [4, 5, 6]])
# 数组运算
c = a + 5
d = b * 2
# 数组操作
e = b.T
# 转置
f = np.concatenate((a, a))
# 拼接 print("Array a:", a)
print("Array b:", b)
print("Array c:", c)
print("Array d:", d)
print("Array e (transpose of b):", e)
print("Array f (concatenation of a and a):", f)
```

3. NumPy 的核心组件

(1) ndarray 对象。ndarray 是 NumPy 的核心数据结构，用于存储多维同质数据。例如，创建一个一维数组和一个二维数组，其示例代码如下：

```python
python
import numpy as np
one_d_array = np.array([1, 2, 3, 4, 5])
two_d_array = np.array([[1, 2, 3], [4, 5, 6]])
```

(2) 数组运算。NumPy 提供了丰富的数学运算函数，可以对数组进行元素级运算、矩阵运算等。例如，数组的加法和矩阵乘法，其示例代码如下：

```
python
```

```python
a = np.array([1, 2, 3])
b = np.array([4, 5, 6])
c = a + b  # 元素级加法
d = np.dot(a, b)  # 点积(内积)
```

(3) 数组操作。NumPy 提供了丰富的数组操作函数，如数组切片、索引、拼接、分割、变形等。例如，数组切片和变形，其示例代码如下：

```python
a = np.array([[1, 2, 3], [4, 5, 6], [7, 8, 9]])
b = a[0:2, 1:3]  # 切片
c = a.reshape(1, 9)  # 变形
```

(4) 广播机制。NumPy 的广播机制允许不同形状的数组在算术运算中进行对齐，简化了数组运算的代码编写。例如，将一个标量值与一个数组进行运算，其示例代码如下：

```python
a = np.array([1, 2, 3])
b = a + 5  # 广播
```

(5) 线性代数运算。NumPy 提供了丰富的线性代数运算函数，如矩阵乘法、逆矩阵、特征值分解等。例如，矩阵乘法和逆矩阵，其示例代码如下：

```python
A = np.array([[1, 2], [3, 4]])
B = np.array([[5, 6], [7, 8]])
C = np.dot(A, B)  # 矩阵乘法
D = np.linalg.inv(A)  # 逆矩阵
```

4．NumPy 的应用场景

(1) 科学计算和数值分析。NumPy 广泛用于科学计算和数值分析，如数值积分、微分方程求解、数值优化等。例如，使用 NumPy 进行数值积分。

(2) 数据处理和分析。NumPy 是数据处理和分析的基础库，常用于数据预处理、特征提取等任务。例如，使用 NumPy 进行数据标准化。

(3) 机器学习和深度学习。NumPy 是许多机器学习和深度学习库(如 TensorFlow、PyTorch)的基础，用于数据表示和数值计算。例如，使用 NumPy 进行数据预处理和特征工程。

(4) 图像处理和计算机视觉。NumPy 常用于图像处理和计算机视觉任务，如图像变换、特征提取等。例如，使用 NumPy 进行图像滤波。

NumPy 是一个功能强大且高效的科学计算库，特别适合处理大规模多维数组和矩阵运算。其丰富的数学函数和数组操作工具，使得数值计算、数据处理和分析变得非常直观和高效。无论是初学者还是经验丰富的数据科学家，NumPy 都能为其提供所需的工具和资源，以帮助其实现科学计算和数据分析项目。

7.7.7 Scipy

SciPy 是一个用于科学和技术计算的 Python 库，包括优化、线性代数、积分、插值、

信号和图像处理等模块。SciPy 建立在 NumPy 之上，提供了用于数值积分、优化、信号处理、线性代数、统计、图像处理等的高级功能。SciPy 是数据科学和工程计算领域的重要工具，常与 NumPy、Pandas、Matplotlib 等库结合使用。以下是对 SciPy 的详细介绍。

1. SciPy 的主要特点

（1）数值积分和微分方程。SciPy 提供了用于数值积分(如定积分)和求解常微分方程的函数。例如，使用 scipy.integrate 模块进行数值积分。

（2）优化。SciPy 提供了用于函数优化(如最小化)和求解非线性方程组的函数。例如，使用 scipy.optimize 模块进行函数最小化。

（3）信号处理。SciPy 提供了用于信号处理的工具，如滤波器设计、傅里叶变换、卷积等。例如，使用 scipy.signal 模块进行信号滤波。

（4）线性代数。SciPy 提供了丰富的线性代数工具，如矩阵分解、求解线性方程组、特征值分解等。例如，使用 scipy.linalg 模块进行矩阵分解。

（5）统计。SciPy 提供了用于统计分析的函数，如概率分布、统计检验、回归分析等。例如，使用 scipy.stats 模块进行统计检验。

（6）图像处理。SciPy 提供了用于图像处理的工具，如图像变换、滤波、形态学操作等。例如，使用 scipy.ndimage 模块进行图像滤波。

2. SciPy 的安装和使用

（1）安装 SciPy。可以通过"pip"安装 SciPy，其示例代码如下：

```bash
pip install scipy
```

（2）基本使用示例。下面是一个简单的 SciPy 示例，演示如何进行数值积分、优化和信号处理，其示例代码如下：

```python
import numpy as np
from scipy import integrate, optimize, signal# 数值积分
result = integrate.quad(lambda x: np.sin(x), 0, np.pi)
print("Integral result:", result)# 函数优化
result = optimize.minimize(lambda x: x2 + 3*x + 2, 0)
print("Optimization result:", result)# 信号滤波
b, a = signal.butter(3, 0.1)
filtered_signal = signal.filtfilt(b, a, np.sin(np.linspace(0, 10, 100)))
print("Filtered signal:", filtered_signal)
```

3. SciPy 的核心模块

（1）scipy.integrate。scipy.integrate 提供用于数值积分和微分方程求解的函数。例如，使用"quad"进行定积分，其示例代码如下：

```python
from scipy.integrate import quad
result, error = quad(lambda x: np.exp(-x2), 0, np.inf)
```

(2) scipy.optimize。scipy.optimize 提供用于函数优化和求解非线性方程组的函数。例如，使用"minimize"进行函数最小化，其示例代码如下：

```python
from scipy.optimize import minimize
result = minimize(lambda x: x2 + 3*x + 2, 0)
```

(3) scipy.signal。scipy.signal 提供用于信号处理的工具。例如，使用"butter"和"filtfilt"进行信号滤波，其示例代码如下：

```python
from scipy.signal import butter, filtfilt
b, a = butter(3, 0.1)
filtered_signal = filtfilt(b, a, np.sin(np.linspace(0, 10, 100)))
```

(4) scipy.linalg。scipy.linalg 提供丰富的线性代数工具。例如，使用"svd"进行奇异值分解，其示例代码如下：

```python
from scipy.linalg import svd
U, s, Vh = svd(np.random.rand(3, 3))
```

(5) scipy.stats。scipy.stats 提供用于统计分析的函数。例如，使用"ttest_ind"进行独立样本 t 检验，其示例代码如下：

```python
from scipy.stats import ttest_ind
t_stat, p_value = ttest_ind(np.random.rand(100), np.random.rand(100))
```

(6) scipy.ndimage。scipy.ndimage 提供用于图像处理的工具。例如，使用"gaussian_filter"进行图像滤波，其示例代码如下：

```python
from scipy.ndimage import gaussian_filter
image = np.random.rand(100, 100)
blurred_image = gaussian_filter(image, sigma=1)
```

4. SciPy 的应用场景

(1) 科学计算和工程计算。SciPy 广泛用于科学和工程计算，如数值积分、优化、信号处理等。例如，使用 SciPy 进行物理模拟和工程分析。

(2) 数据分析和统计。SciPy 提供了丰富的统计分析工具，常用于数据分析、统计建模等任务。例如，使用 SciPy 进行数据统计检验和回归分析。

(3) 图像处理和计算机视觉。SciPy 提供了用于图像处理的工具，常用于图像滤波、特征提取等任务。

例如，使用 SciPy 进行图像预处理和增强。

SciPy 是一个功能强大且丰富的科学计算库，提供丰富的工具用于数值积分、优化、信号处理、线性代数、统计和图像处理等。无论是科学研究、工程计算还是数据分析，SciPy

其都能为其提供所需的高级功能和工具，以帮助高效地完成复杂的计算任务。

7.7.8 NLTK

NLTK(Natural Language Toolkit)是一个自然语言处理库，提供了一系列用于文本处理和分析的工具，是一个用于自然语言处理的开源 Python 库。NLTK 提供了一系列用于文本处理、语法分析、语义分析、分类、标注、标记化和其他语言处理任务的工具和资源。NLTK 是学习和研究自然语言处理的一个重要工具，广泛用于学术界和工业界。

1. NLTK 的主要特点

(1) 文本处理。NLTK 提供了用于文本清理、分词、词干提取、词形还原等文本处理任务的工具。例如，使用"nltk.word_tokenize"进行分词。

(2) 语法分析。NLTK 提供了用于句法分析和依存分析的工具，如上下文无关文法(CFG)、依存文法等。例如，使用"nltk.ChartParser"进行句法分析。

(3) 语义分析。NLTK 提供了用于语义分析的工具，如命名实体识别(NER)、词义消歧等。例如，使用"nltk.ne_chunk"进行命名实体识别。

(4) 分类和标注。NLTK 提供了用于文本分类和标注的工具，如朴素贝叶斯分类器、最大熵分类器等。例如，使用"nltk.NaiveBayesClassifier"进行文本分类。

(5) 语料库和词典资源。NLTK 提供了丰富的语料库和词典资源，如 WordNet、树库(Treebank)等。例如，使用"nltk.corpus.wordnet"进行词汇查询。

(6) 评估和测试。NLTK 提供了用于模型评估和测试的工具，如交叉验证、混淆矩阵等。例如，使用"nltk.ConfusionMatrix"进行模型评估。

2. NLTK 的安装和使用

(1) 安装 NLTK。可以通过"pip"安装 NLTK，其示例代码如下：

```bash
pip install nltk
```

(2) 下载 NLTK 数据。NLTK 包含许多语料库和词典资源，需要下载，其示例代码如下：

```python
import nltk
nltk.download('all')
```

(3) 基本使用示例。下面是一个简单的 NLTK 示例，输入并执行以下代码，演示如何进行分词、词性标注和命名实体识别。

```python
import nltk
nltk.download('punkt')
nltk.download('averaged_perceptron_tagger')
nltk.download('maxent_ne_chunker')
nltk.download('words')# 分词
text = "Natural Language Toolkit is a powerful library for NLP."
```

```
tokens = nltk.word_tokenize(text)
print("Tokens:", tokens)# 词性标注
tagged = nltk.pos_tag(tokens)
print("POS Tags:", tagged)# 命名实体识别
entities = nltk.ne_chunk(tagged)
print("Named Entities:", entities)
```

3. NLTK 的核心模块

(1) nltk.tokenize。nltk.tokenize 提供用于文本分词的工具。例如,使用"word_tokenize"进行单词分词,其示例代码如下:

```python
from nltk.tokenize import word_tokenize
tokens = word_tokenize("This is a sentence.")
```

(2) nltk.tag。nltk.tag 提供用于词性标注的工具。例如,使用"pos_tag"进行词性标注,其示例代码如下:

```python
from nltk import pos_tag
tagged = pos_tag(["This", "is", "a", "sentence"])
```

(3) nltk.chunk。nltk.chunk 提供用于句法分块和命名实体识别的工具。例如,使用"ne_chunk"进行命名实体识别,其示例代码如下:

```python
from nltk import ne_chunk
entities = ne_chunk(tagged)
```

(4) nltk.corpus。nltk.corpus 提供访问语料库和词典资源的工具。例如,使用"wordnet"进行词汇查询,其示例代码如下:

```python
from nltk.corpus import wordnet
synsets = wordnet.synsets("dog")
```

(5) nltk.classify。nltk.classify 提供用于文本分类的工具。例如,使用"NaiveBayesClassifier"进行文本分类,其示例代码如下:

```python
from nltk.classify import NaiveBayesClassifier
train_data = [({"word": "good"}, "positive"), ({"word": "bad"}, "negative")]
classifier = NaiveBayesClassifier.train(train_data)
```

(6) nltk.parse。nltk.parse 提供用于句法分析的工具。例如,使用"ChartParser"进行句法分析,其示例代码如下:

```python
from nltk import CFG
from nltk.parse import ChartParser
```

```
grammar = CFG.fromstring("""
S -> NP VP
NP -> 'John' | 'Mary'
VP -> 'eats' | 'sleeps'
""")
parser = ChartParser(grammar)
```

4. NLTK 的应用场景

(1) 文本预处理。NLTK 常用于文本预处理，如分词、词形还原、停用词去除等。例如，使用 NLTK 进行文本清理和规范化。

(2) 信息提取。NLTK 提供了用于信息提取的工具，如命名实体识别、关系抽取等。例如，使用 NLTK 进行实体识别和关系抽取。

(3) 文本分类和情感分析。NLTK 提供了用于文本分类和情感分析的工具。例如，使用 NLTK 进行情感分析和主题建模。

(4) 语言模型和生成。NLTK 提供了用于构建和评估语言模型的工具。例如，使用 NLTK 构建 n-gram 模型进行文本生成。

NLTK 是一个功能强大且丰富的自然语言处理库，提供了丰富的工具和资源用于文本处理、语法分析、语义分析、分类和标注等任务。无论是学术研究还是工业应用，NLTK 都能为其提供所需的高级功能和工具，以帮助高效地完成复杂的自然语言处理任务。

7.7.9 Gensim

Gensim 是一个专注于主题建模和文档相似性分析的 Python 库，适用于文本分析和机器学习任务。Gensim 专注于从文本文档中提取语义信息，特别适合处理大规模文本数据。Gensim 以高效实现和易用接口著称，广泛应用于自然语言处理和文本挖掘领域。

1. Gensim 的主要特点

(1) 主题建模。Gensim 提供了多种主题建模算法，如潜在狄利克雷分配、潜在语义分析(LSA)等。例如，使用潜水狄利克雷分配进行主题建模。

(2) 文档相似性。Gensim 提供了用于计算文档相似性的工具，可以快速找到相似的文档。例如，使用 TF-IDF 和相似度度量计算文档相似性。

(3) 词向量表示。Gensim 提供了用于训练词向量模型的工具，如 Word2Vec、FastText 等。例如，使用 Word2Vec 进行词向量训练。

(4) 大规模文本处理。Gensim 用于处理大规模文本数据，支持流式处理和内存高效的算法实现。例如，使用流式处理读取和处理大型文本语料库。

2. Gensim 的安装和使用

(1) 安装 Gensim。可以通过"pip"安装 Gensim，其示例代码如下：

```bash
pip install gensim
```

(2) 基本使用示例。下面是一个简单的 Gensim 示例，输入并执行以下代码，演示如何进行主题建模和词向量训练。

```python
import gensim
from gensim import corpora
from gensim.models import LdaModel, Word2Vec
# 准备语料
documents = [
"Human machine interface for lab abc computer applications",
"A survey of user opinion of computer system response time",
"The EPS user interface management system",
"System and human system engineering testing of EPS",
"Relation of user perceived response time to error measurement",
"The generation of random binary unordered trees",
"The intersection graph of paths in trees",
"Graph minors IV Widths of trees and well quasi ordering",
"Graph minors A survey"
]
texts = [[word for word in document.lower().split()] for document in documents]
dictionary = corpora.Dictionary(texts)
corpus = [dictionary.doc2bow(text) for text in texts]
# 主题建模
lda = LdaModel(corpus, num_topics=2, id2word=dictionary)
print("LDA Topics:")
for idx, topic in lda.print_topics(-1):
    print(f"Topic: {idx} \nWords: {topic}")
# 词向量训练
model = Word2Vec(texts, vector_size=100, window=5, min_count=1, workers=4)
print("Word2Vec vector for 'human':", model.wv['human'])
```

3. Gensim 的核心模块

（1）gensim.corpora。gensim.corpora 提供用于创建和管理词典和语料库的工具。例如，使用"Dictionary"创建词典，其示例代码如下：

```python
from gensim import corpora
dictionary = corpora.Dictionary([["human", "interface", "computer"]])
```

（2）gensim.models。gensim.models 提供用于训练和使用各种模型的工具，如潜在狄利克雷分配、Word2Vec、FastText 等。例如，使用"LdaModel"进行主题建模，其示例代码如下：

```python
from gensim.models import LdaModel
lda = LdaModel(corpus, num_topics=2, id2word=dictionary)
```

（3）gensim.similarities。gensim.similarities 提供用于计算文档相似性的工具。例如，使用"MatrixSimilarity"计算相似性，其示例代码如下：

```python
```

```
from gensim.similarities import MatrixSimilarity
index = MatrixSimilarity(corpus)
```

(4) gensim.utils。gensim.utils 提供各种实用工具，如文本预处理、流式处理等。例如，使用"simple_ preprocess"进行文本预处理，其示例代码如下：

```python
from gensim.utils import simple_preprocess
processed_text = simple_preprocess("This is a sample text.")
```

4. Gensim 的应用场景

(1) 主题建模和文本挖掘。Gensim 常用于主题建模和文本挖掘，可用于发现文档中的潜在主题。例如，使用潜在狄利克雷分配模型进行主题分析。

(2) 信息检索和文档相似性。Gensim 提供了用于计算文档相似性的工具，常用于信息检索系统。例如，使用 TF-IDF 和相似度度量进行文档检索。

(3) 词向量训练和语义分析。Gensim 提供了用于训练词向量模型的工具，如 Word2Vec 和 FastText。例如，使用 Word2Vec 进行词语的语义分析。

(4) 大规模文本处理。Gensim 用于处理大规模文本数据，支持流式处理和内存高效的算法实现。例如，使用流式处理读取和处理大型文本语料库。

Gensim 是一个功能强大且高效的自然语言处理库，专注于主题建模、文档相似性分析和词向量训练。它提供了丰富的工具和模型，帮助用户高效地从大规模文本数据中提取语义信息。无论是学术研究还是工业应用，Gensim 都能为其提供所需的高级功能和工具，以帮助完成复杂的自然语言处理任务。

7.7.10 Scikit-image

Scikit-image 是图像处理领域的一个工具箱，提供了广泛的算法来操作图像数据，是一个用于图像处理的开源 Python 库，基于 SciPy 构建，提供了一系列用于图像处理、分析和计算机视觉的工具和算法。Scikit-image 适用于从简单的图像转换到复杂的图像分析任务，广泛应用于学术研究和工业。

1. Scikit-image 的主要特点

(1) 丰富的图像处理功能。Scikit-image 提供了各种图像处理功能，如滤波、变换、分割、特征提取等。例如，使用高斯滤波器进行图像平滑。

(2) 高效的算法实现。Scikit-image 中的算法经过优化，能够高效处理大规模图像数据。例如，使用快速傅里叶变换进行图像频域处理。

(3) 与其他科学计算库的良好集成。Scikit-image 与 NumPy、SciPy、Matplotlib 等科学计算库无缝集成。例如，使用 Matplotlib 可视化处理结果。

(4) 易于使用的 API。Scikit-image 提供了简单易用的 API，方便用户快速上手和应用。例如，使用一行代码进行图像边缘检测。

2. Scikit-image 的安装和使用

（1）安装 Scikit-image。可以通过"pip"安装 Scikit-image，其示例代码如下：

```bash
pip install scikit-image
```

（2）基本使用示例。下面是一个简单的 Scikit-image 示例，输入并执行以下代码，演示如何进行图像读取、处理和显示。

```python
import matplotlib.pyplot as plt
from skimage import io, filters, color
# 读取图像
image = io.imread('path/to/your/image.jpg')
# 转换为灰度图像
gray_image = color.rgb2gray(image)
# 应用高斯滤波器
blurred_image = filters.gaussian(gray_image, sigma=1)
# 显示原图和处理后的图像
fig, axes = plt.subplots(1, 2, figsize=(10, 5))
ax = axes.ravel()ax[0].imshow(gray_image, cmap='gray')
ax[0].set_title("Original Image")
ax[0].axis('off')ax[1].imshow(blurred_image, cmap='gray')
ax[1].set_title("Blurred Image")
ax[1].axis('off')plt.show()
```

3. Scikit-image 的核心模块

（1）skimage.io。skimage.io 提供用于图像读取和写入的工具。例如，使用"imread"读取图像，其示例代码如下：

```python
from skimage import io
image = io.imread('path/to/your/image.jpg')
```

（2）skimage.color。skimage.color 提供用于颜色空间转换的工具。例如，使用"rgb2gray"将 RGB 图像转换为灰度图像，其示例代码如下：

```python
from skimage.color import rgb2gray
gray_image = rgb2gray(image)
```

（3）skimage.filters。skimage.filters 提供各种图像滤波器，如高斯滤波、Sobel 滤波等例如，使用"gaussian"进行高斯滤波，其示例代码如下：

```python
from skimage.filters import gaussian
blurred_image = gaussian(gray_image, sigma=1)
```

（4）skimage.transform。skimage.transform 提供用于图像变换的工具，如旋转、缩放、

仿射变换等。例如，使用"rotate"旋转图像，其示例代码如下：

```python
from skimage.transform import rotate
rotated_image = rotate(image, angle=45)
```

(5) skimage.segmentation。skimage.segmentation 提供用于图像分割的工具，如阈值分割、分水岭算法等。例如，使用"slic"进行超像素分割，其示例代码如下：

```python
from skimage.segmentation import slic
segments = slic(image, n_segments=100, compactness=10)
```

(6) skimage.feature。skimage.feature 提供用于特征提取的工具，如角点检测、边缘检测等。例如，使用"canny"进行边缘检测，其示例代码如下：

```python
from skimage.feature import canny
edges = canny(gray_image)
```

4. Scikit-image 的应用场景

(1) 图像预处理。Scikit-image 常用于图像预处理，如去噪、增强、平滑等。例如，使用高斯滤波器进行图像去噪。

(2) 图像分割。Scikit-image 提供了多种图像分割算法，可用于分割图像中的目标区域。例如，使用分水岭算法进行细胞图像分割。

(3) 图像特征提取和分析。Scikit-image 提供了用于特征提取和分析的工具，如边缘检测、形态学操作等。例如，使用 Sobel 滤波器进行边缘检测。

(4) 计算机视觉应用。Scikit-image 可用于各种计算机视觉应用，如物体检测、图像配准等。例如，使用角点检测进行图像配准。

Scikit-image 是一个功能强大且易于使用的图像处理库，提供了丰富的工具和算法用于图像处理、分析和计算机视觉任务。无论是学术研究还是工业应用，Scikit-image 都能为其提供所需的高级功能和工具，帮助高效地完成复杂的图像处理任务。

7.7.11 H2O

H2O(现在称为 Lemonade)是一个开源的机器学习平台，专为大规模数据处理和分析而设计。H2O 提供了一套强大的工具和算法，用于构建和部署机器学习模型，广泛应用于各种行业和研究领域。

1. H2O 的主要特点

(1) 高性能计算。H2O 利用分布式计算和内存计算技术，能够处理大规模数据集并快速训练模型。例如，H2O 可以在多节点集群上并行执行机器学习任务。

(2) 丰富的算法库。H2O 提供了丰富的机器学习算法，包括监督学习(如回归、分类)、无监督学习(如聚类)和深度学习等。例如，H2O 包含了广泛使用的算法如梯度提升机、随机森林、DNN 等。

（3）多语言支持。H2O 支持多种编程语言接口，包括 Python、R、Java 和 Scala，方便不同背景的开发者使用。例如，数据科学家可以使用 H2O 的 Python API 来构建和评估模型。

（4）自动化机器学习(AutoML)。H2O 提供自动化机器学习功能，可以自动化模型选择、超参数调优和特征工程等任务。例如，H2O AutoML 可以自动尝试多种算法和参数组合，选择最佳模型。

（5）可视化和解释性。H2O 提供了丰富的可视化工具和模型解释功能，帮助用户理解和解释模型结果。例如，H2O 提供 SHAP 值和 LIME 等解释性方法。

2. H2O 的核心组件

H2O 的核心组件包括 H2O-3、H2O Driverless AI 和 H2O Wave。

（1）H2O-3。H2O-3 是 H2O 的开源机器学习平台，提供了分布式机器学习算法和工具。例如，使用 H2O-3 可以在 Hadoop 和 Spark 集群上运行机器学习任务。

（2）H2O Driverless AI。H2O Driverless AI 是一个自动化机器学习平台，专注于自动化数据准备、特征工程、模型训练和优化。例如，Driverless AI 可以自动生成特征并选择最佳模型，极大地简化了机器学习流程。

（3）H2O Wave。H2O Wave 是一个用于构建实时机器学习应用和仪表板的框架，支持快速开发和部署。例如，使用 H2OWave 可以创建交互式数据可视化和机器学习模型的实时监控仪表板。

3. H2O 的安装和使用

（1）安装 H2O。可以通过"pip"安装 H2O 的 Python 包，其示例代码如下：

```bash
pip install h2o
```

（2）基本使用示例。下面是一个简单的 H2O 使用示例，输入并执行以下代码，演示如何加载数据、训练模型和进行预测。

```python
import h2o
from h2o.automl import H2OAutoML
# 初始化 H2O
h2o.init()# 加载数据集
data = h2o.import_file('path/to/your/dataset.csv')
# 分割数据集
train, test = data.split_frame(ratios=[.8])
# 定义特征和目标变量
x = train.columns
y = 'target'
x.remove(y)
# 训练 AutoML 模型
aml = H2OAutoML(max_models=20, seed=1)
aml.train(x=x, y=y, training_frame=train)
# 获取最佳模型
```

```
best_model = aml.leader
# 进行预测
predictions = best_model.predict(test)
print(predictions.head())
```

4. H2O 的应用场景

(1) 金融服务。H2O 被广泛应用于金融服务领域，如信用评分、欺诈检测和风险管理。例如，银行可以使用 H2O 构建信用评分模型来评估贷款申请人的信用风险。

(2) 医疗健康。H2O 在医疗健康领域用于疾病预测、患者分类和个性化治疗等任务。例如，医院可以使用 H2O 分析患者数据，预测疾病发生的概率。

(3) 零售和电商。H2O 被用于客户细分、推荐系统和库存管理等任务。例如，电商平台可以使用 H2O 构建推荐系统，为用户推荐个性化产品。

(4) 制造业。H2O 在制造业中用于预测性维护、质量控制和生产优化等任务。例如，制造企业可以使用 H2O 分析传感器数据，预测设备故障。

H2O 是一个功能强大且灵活的机器学习平台，提供了丰富的算法和工具，支持大规模数据处理和多语言接口。无论是工程师还是数据科学家，H2O 都能为其提供所需的高级功能和工具，以帮助其高效地构建和部署机器学习模型。

7.8 人工智能在实际领域的应用

人工智能正以其独特的方式渗透到社会的各个角落，成为推动经济社会发展的关键力量。人工智能不仅提高了生产效率和生活质量，还促进了产业的智能化升级，这与党的二十大报告提出的加快建设制造强国、质量强国、航天强国、交通强国、网络强国、数字中国的战略目标相呼应。人工智能的应用正在改变传统的工作方式，优化资源配置，提高决策的科学性和精准性。在制造业，人工智能通过自动化和智能化提升了生产效率；在农业，人工智能通过精准农业技术提高了作物产量和质量；在服务业，人工智能通过智能客服和个性化推荐提升了用户体验；在医疗领域，人工智能通过辅助诊断和手术机器人提高了医疗服务的质量和安全性；在金融领域，人工智能通过风险评估和智能投资提高了金融服务的效率和安全性。同时，人工智能也在推动教育、交通、城市管理等多个领域的智能化发展，为构建和谐社会、实现可持续发展提供强有力的技术支持。

7.8.1 医疗领域

在医疗领域，人工智能技术正在革新传统的诊断和治疗方法，为患者提供更高效、精确的医疗服务。

人工智能在医疗领域的应用正在迅速发展，涵盖了从疾病预测到个性化治疗的广泛领域。以下是一些具体的应用实例。

1. 疾病预测和诊断

(1) 影像诊断。

应用示例：人工智能可以分析医学影像(如 X 光片、CT 扫描和 MRI)，帮助医生检测和诊断疾病，如肺炎、脑肿瘤和乳腺癌等。

具体案例：Google 的 DeepMind 开发的人工智能系统可以在眼科图像中检测糖尿病性视网膜病变和年龄相关性黄斑变性，其准确度与人类专家相当。

(2) 病理学。

应用示例：人工智能可以分析病理切片图像，识别癌细胞和其他异常细胞，提高病理学诊断的准确性和效率。

具体案例：PathAI 开发的人工智能系统可以辅助病理学家进行癌症诊断，其准确性和一致性得到了显著提高。

2. 个性化治疗

(1) 基因组学。

应用示例：人工智能可以分析基因组数据，识别与特定疾病相关的基因变异，帮助制订个性化的治疗方案。

具体案例：IBM Watson for Genomics 应用人工智能分析癌症患者的基因组数据，提供个性化的治疗建议。

(2) 药物发现。

应用示例：人工智能可以分析大量的生物医学数据，识别潜在的药物靶点，加速新药研发过程。

具体案例：Insilico Medicine 应用人工智能技术发现潜在的抗衰老药物靶点，并在短时间内筛选出候选药物。

3. 患者管理和护理

(1) 远程监控。

应用示例：人工智能可以通过可穿戴设备和传感器监控患者的健康状况，提供实时的健康数据和预警。

具体案例：Cardiogram 开发的人工智能应用可以通过智能手表监测心率数据，预测心脏病发作的风险。

(2) 虚拟助手。

应用示例：人工智能驱动的虚拟助手可以为患者提供健康咨询、预约管理和药物提醒等服务。

具体案例：Ada Health 开发的人工智能健康助手应用可以根据用户输入的症状提供初步的健康评估和建议。

4. 手术和治疗

(1) 机器人辅助手术。

应用示例：人工智能驱动的机器人可以辅助外科医生进行精确的手术，提高手术的安全性和效果。

具体案例：达·芬奇机器人系统应用人工智能技术辅助外科医生进行微创手术，已在全球范围内广泛应用。

(2) 放射治疗。

应用示例：人工智能可以优化放射治疗计划，精确定位肿瘤，减少对周围健康组织的损伤。

具体案例：Varian Medical Systems 应用人工智能技术优化放射治疗方案，提升了治疗效果并减少了副作用。

5. 公共卫生和流行病学

(1) 疾病监测和预警。

应用示例：人工智能可以分析大规模健康数据，预测疾病暴发和传播趋势，帮助公共卫生机构采取预防措施。

具体案例：BlueDot 应用人工智能技术分析全球健康数据，成功预测了 2019 年新冠肺炎的暴发。

(2) 健康数据分析。

应用示例：人工智能可以分析电子健康记录(EHR)和其他健康数据，识别健康趋势和风险因素，支持公共卫生决策。

具体案例：Flatiron Health 应用人工智能技术分析癌症患者的电子健康记录，提供临床研究和治疗决策支持。

综上所述，在医疗领域，应用人工智能技术，不仅提高了诊断和治疗的准确性和效率，还推动了个性化医疗的发展。随着技术的不断进步，人工智能在医疗领域的潜力将进一步增强，为患者和医疗专业人员带来更多的创新和变革。

7.8.2　金融领域

在金融领域，人工智能技术正逐渐渗透并改变传统业务流程和服务模式。

人工智能在金融领域的应用非常广泛，涵盖了从风险管理到客户服务的多个方面。以下是一些具体的应用实例。

1. 风险管理

(1) 信用评分。

应用示例：人工智能可以分析大量的金融数据，包括交易记录、信用历史和社交媒体活动，生成更准确的信用评分。

具体案例：ZestFinance 应用人工智能技术分析非传统数据源，为没有信用记录的用户生成信用评分，从而帮助更多人获得贷款。

(2) 欺诈检测。

应用示例：人工智能可以实时分析交易数据，识别异常行为和潜在的欺诈活动，保护金融机构和客户的资金安全。

具体案例：PayPal 使用人工智能算法监控交易，检测和阻止欺诈活动，其准确性和响应速度显著提高。

2. 投资管理

(1) 算法交易。

应用示例：人工智能可以分析市场数据和新闻，自动执行交易策略，提高交易效率和收益率。

具体案例：Renaissance Technologies 使用复杂的人工智能算法进行量化交易，取得了长期优异的投资回报。

(2) 投资组合管理。

应用示例：人工智能可以根据市场趋势和风险评估，优化投资组合配置，提供个性化的投资建议。

具体案例：Wealthfront 和 Betterment 等机器人顾问(robo-advisors)应用人工智能技术为用户提供自动化的投资组合管理服务。

3. 客户服务

(1) 聊天机器人。

应用示例：人工智能驱动的聊天机器人可以提供 24/7 的客户支持，回答客户的常见问题，处理账户查询和交易请求。

具体案例：Bank of America 的虚拟助手 Erica 应用人工智能技术为客户提供账户信息、交易历史和金融建议等服务。

(2) 个性化推荐。

应用示例：人工智能可以分析客户的交易行为和偏好，提供个性化的金融产品和服务推荐。

具体案例：JPMorgan Chase 应用人工智能技术分析客户数据，为用户推荐定制化的金融产品，如信用卡和贷款。

4. 合规和监管

(1) 反洗钱(AML)。

应用示例：人工智能可以分析交易数据，识别可疑活动，促进金融机构遵守反洗钱法规。

具体案例：HSBC 应用人工智能技术监控交易，识别和报告潜在的洗钱活动，提高了合规率。

(2) 监管科技(RegTech)。

应用示例：人工智能可以自动化合规流程，分析法规文本，确保金融机构遵守最新的法律和监管要求。

具体案例：ComplyAdvantage 应用人工智能技术为金融机构提供实时的合规监控和风险管理服务。

5. 市场分析和预测

(1) 市场行情分析。

应用示例：人工智能可以分析新闻、社交媒体和其他文本数据，评估市场行情和趋势，支持投资决策。

具体案例：Thomson Reuters 的 MarketPsych Indices 应用人工智能技术分析新闻和社交媒体数据，提供市场行情指标。

(2) 经济预测。

应用示例：人工智能可以分析宏观经济数据和历史趋势，预测经济指标和市场走势，支持政策制定和投资决策。

具体案例：Goldman Sachs 使用人工智能模型分析经济数据，预测 GDP 增长率、失业率等宏观经济指标。

6. 贷款和信贷

(1) 贷款审批。

应用示例：人工智能可以快速审核贷款申请，评估借款人的信用风险，提高贷款审批的效率和准确性。

具体案例：LendingClub 使用人工智能技术分析借款人的信用数据，自动化贷款审批流程。

(2) 动态定价。

应用示例：人工智能可以根据市场条件和借款人的风险特征，动态调整贷款利率和条件。

具体案例：Upstart 使用人工智能技术为借款人提供个性化的贷款利率和条款，提高了贷款匹配的成功率。

综上所述，在金融领域，人工智能技术的应用不仅提高了效率和准确性，还提升了客户体验，增强了风险管理能力。随着技术的不断进步，人工智能在金融领域的应用前景将更加广阔，为金融机构和客户带来更多的创新和便利。

7.8.3 自动驾驶与辅助驾驶

自动驾驶技术是近年来人工智能领域的热门研究方向之一。通过集成先进的传感器、摄像头和雷达系统，结合复杂的算法模型，自动驾驶汽车能够在没有人类驾驶员的情况下安全行驶。尽管完全自动化的车辆还未普及，但辅助驾驶技术已经在许多现代汽车中得到了应用，大大提高了驾驶的安全性和便捷性。人工智能在自动驾驶与辅助驾驶领域的应用非常广泛，涵盖了从基础的技术到高级的自动化功能。

人工智能在自动驾驶与辅助驾驶领域的应用正在迅速发展，推动了汽车行业的变革。以下是一些具体的应用实例。

1. 自动驾驶

(1) 感知系统。

应用示例：人工智能可以处理来自摄像头、激光雷达(LiDAR)、雷达和超声波传感器的数据，识别和分类道路上的物体，如车辆、行人、交通标志和障碍物等。

具体案例：Waymo 的自动驾驶汽车应用人工智能技术处理多种传感器数据，创建高精度的环境模型，实现安全的自动驾驶。

(2) 路径规划。

应用示例：人工智能可以根据当前环境和交通状况，实时规划最优驾驶路径，确保车辆安全高效地到达目的地。

具体案例：Tesla 的 Autopilot 系统运用人工智能算法进行路径规划，自动调整车辆的行驶路线以避开障碍物和交通拥堵。

(3) 决策与控制。

应用示例：人工智能可以实时分析道路状况和车辆状态，做出驾驶决策并控制车辆的加速、制动和转向。

具体案例：NVIDIA 的 Drive PX 平台使用人工智能技术进行驾驶决策和控制，支持自动驾驶汽车的实时操作。

(4) 语音控制接口。某些自动驾驶辅助功能允许驾驶员通过语音命令进行操作，如调节空调温度、选择音乐或获取导航信息等，从而减少对物理控制面板的依赖。

随着技术的不断发展和完善，我们可以预见，未来自动驾驶与辅助驾驶系统将更加智能化和集成化，为驾驶员提供更多便利，同时提高整体的道路安全水平。

2. 辅助驾驶

(1) 高级驾驶辅助系统(ADAS)。

应用示例：人工智能可以提供多种驾驶辅助功能。

① 自适应巡航控制(ACC)。ACC 系统使用雷达和摄像头来监测前方的车辆，自动调整速度以保持安全距离。这项技术减少了驾驶员在高速公路上长时间踩油门或刹车的需要，提高了长途驾驶的舒适度和安全性。

② 车道保持辅助(LKA)。LKA 系统通过摄像头监测车道标线，当车辆无意中偏离车道时，系统会发出警告并轻微调整转向盘，帮助车辆回到正确的行驶轨迹上。这可以减轻驾驶员在长时间驾驶中的疲劳负担。

③ 自动紧急制动(AEB)。AEB 系统在检测到前方即将发生碰撞的风险时，会自动制动，减少或避免事故的发生。这是通过车载传感器如摄像头和雷达来实现的。

④ 盲点监测(BSM)。BSM 系统利用后置摄像头监测车辆的盲点区域，当有车辆进入这些区域时，系统会向驾驶员发出警告。这有助于避免换道时的盲区导致的侧面碰撞。

具体案例：Mobileye 的 ADAS 系统应用人工智能技术实现多种驾驶辅助功能，增强了驾驶安全性和便利性。

(2) 驾驶员监控。

应用示例：人工智能可以通过摄像头和传感器监控驾驶员的状态，检测疲劳驾驶、注意力分散和其他危险行为，发出警告或采取措施。

具体案例：Seeing Machines 开发的驾驶员监控系统应用人工智能技术检测驾驶员的眼睛和头部运动，提供实时警告以防止疲劳驾驶。

(3) 停车辅助系统。停车辅助系统包括倒车摄像头、泊车辅助和自动泊车功能,它们可以帮助驾驶员在狭窄或拥挤的空间安全地停车和启动汽车。

3. 车辆与环境互联

(1) 车联网(V2X)。

应用示例:人工智能可以处理来自其他车辆(V2V)、基础设施(V2I)和行人(V2P)的信息,优化交通流量和提高行车安全。

具体案例:Audi 的 V2X 系统应用人工智能技术与交通信号灯通信,优化车辆的行驶速度以减少等待时间和燃油消耗。

(2) 智能交通管理。

应用示例:人工智能算法帮助车辆理解地图数据和实时交通信息,提供最优的行驶路线,并在必要时重新规划路径以避开拥堵区域,分析实时交通数据,优化交通信号灯的控制策略,减少交通拥堵和提高道路使用效率。

具体案例:百度 Apollo 项目应用人工智能技术进行智能交通管理,优化城市交通流量,减少交通拥堵。

4. 仿真与测试

(1) 虚拟仿真。

应用示例:人工智能可以在虚拟环境中模拟各种驾驶场景和条件,测试自动驾驶系统的性能和安全性。

具体案例:Waymo 应用人工智能技术在虚拟仿真环境中测试其自动驾驶算法,覆盖数百万英里的虚拟驾驶数据。

(2) 数据标注与训练。

应用示例:人工智能可以自动标注大量的驾驶数据,如图像和视频,训练自动驾驶算法,提高其识别和决策能力。

具体案例:Scale 人工智能提供的数据标注服务应用人工智能技术为自动驾驶公司标注训练数据,加速算法开发和优化。

在自动驾驶和辅助驾驶领域,人工智能技术的应用不仅提升了驾驶的安全性和便利性,还推动了交通系统的智能化和高效化。随着技术的不断进步,人工智能在这一领域的应用前景将更加广阔,为个人和社会带来更多的创新和变革。

7.8.4 智慧交通

人工智能在智慧交通领域的应用正在逐步改变人们的出行方式,并提高城市交通系统的效率和安全性。以下是一些具体的实际应用。

1. 交通流量监测

(1) 实时交通数据采集。

应用示例:人工智能技术可以通过摄像头、传感器和无人机等设备,实时采集和分析交通流量数据,包括车辆数量、类型、速度和行驶方向。

具体案例：Vivacity Labs 应用人工智能技术处理来自路口摄像头的数据，实时监测交通流量和行人活动，帮助城市优化交通信号控制。

(2) 交通事件检测。

应用示例：人工智能可以实时分析交通数据，检测交通事故、拥堵、道路施工等事件，并及时通知交通管理部门进行处理。

具体案例：Waze 使用人工智能和用户生成的数据，实时检测和报告交通事故、道路封闭和其他交通事件，为用户提供实时导航建议。

2. 交通流量分析

(1) 交通模式识别。

应用示例：人工智能可以分析历史交通数据，识别交通模式和趋势，帮助城市规划和交通管理部门制定、优化策略。

具体案例：IBM 的 Watson 人工智能使用大数据和机器学习技术分析历史交通数据，识别交通高峰时段和拥堵热点，为城市交通规划提供数据支持。

(2) 交通预测。

应用示例：人工智能可以基于实时和历史数据，预测未来的交通流量和拥堵情况，帮助交通管理部门提前采取措施。

具体案例：Google Maps 应用人工智能技术分析实时和历史交通数据，预测未来的交通状况，并为用户提供最佳行车路线。

3. 智能交通管理

(1) 交通信号优化。

应用示例：人工智能可以实时调整交通信号灯的时序，优化交通流量，减少车辆等待时间和交通拥堵。

具体案例：Surtrac 系统应用人工智能技术实时优化交通信号灯的控制策略，已在多个城市取得较好效果，显著减少了车辆等待时间和交通拥堵。

(2) 动态交通管理。

应用示例：人工智能可以根据实时交通状况，动态调整车道分配、限速和其他交通管理措施，提高道路使用效率。

具体案例：百度 Apollo 项目应用人工智能技术进行智能交通管理，动态调整交通信号和车道分配，优化城市交通流量。

4. 公共交通优化

(1) 公交调度优化。

应用示例：人工智能可以分析公交车的运行数据，优化公交线路和发车时间，提高公交系统的效率和服务水平。

具体案例：Optibus 应用人工智能技术优化公交调度和线路规划，帮助城市提高公共交通系统的效率和可靠性。

(2) 乘客流量预测。

应用示例：人工智能可以预测公共交通系统的乘客流量，优化资源分配，减少乘客等待时间。

具体案例：Moovit 应用人工智能技术分析乘客流量数据，提供实时公交信息和乘客流量预测，帮助乘客更好地规划出行路线。

5. 环境影响评估

(1) 空气质量监测。

应用示例：人工智能可以分析交通流量和环境数据，评估交通对空气质量的影响，帮助城市制定环保政策。

具体案例：Breeze Technologies 应用人工智能技术分析交通流量和空气质量数据，提供实时的空气污染监测和预测服务。

(2) 碳排放分析。

应用示例：人工智能可以计算不同交通模式和管理措施的碳排放量，帮助城市制定低碳交通政策。

具体案例：GreenCity Solutions 应用人工智能技术分析交通流量和碳排放数据，提供城市碳排放评估和优化建议。

在交通流量监测与分析中，应用人工智能技术，不仅提高了交通管理的效率和准确性，还为城市规划和环保政策制定提供了重要的数据支持。随着技术的不断进步，人工智能在这一领域的应用前景将更加广阔，为城市交通系统带来更多的创新和变革。

7.8.5 智能制造与工业 4.0

智能制造是工业 4.0 的核心组成部分，它通过引入人工智能技术来提高制造过程的智能化水平。人工智能可以在产品设计、生产流程优化、质量控制以及供应链管理等多个环节发挥作用。例如，人工智能通过机器学习算法分析生产数据，可以预测设备故障并提前进行维护，从而缩短停机时间，降低维护成本。同时，智能机器人的使用也在提高生产效率和质量稳定性方面发挥了重要作用。

人工智能在智能制造与工业 4.0 领域的应用正在改变制造业的面貌，通过提高自动化水平、优化生产流程和增强决策能力，推动工业的数字化转型。以下是一些具体的应用实例。

1. 预测性维护

应用示例：人工智能利用机器学习和数据分析技术，预测设备故障和维护需求，避免生产停机和设备损坏。

具体案例：通用电气(GE)的 Predix 平台通过分析设备运行数据，提供预测性维护服务，帮助企业减少设备故障和维护成本。

2. 质量控制与检测

应用示例：人工智能利用计算机视觉和深度学习技术，实时检测产品缺陷和质量问题，提高产品质量和生产效率。

具体案例：宁德时代在其制造工厂中使用人工智能驱动的视觉检测系统，实时监控生产线上的产品质量，减少了次品率。

3. 生产优化与调度

应用示例：人工智能利用人工智能算法优化生产计划和调度，提高生产效率和资源利用率。

具体案例：上汽集团利用人工智能技术优化生产线调度和资源分配，提高了生产效率和灵活性。

4. 供应链管理

应用示例：通过人工智能分析供应链数据，优化库存管理、物流和供应链流程，降低成本和提高效率。

具体案例：京东(JD.com)利用人工智能技术优化仓储和物流管理，提高了库存周转率和供应链效率。

5. 智能机器人与自动化

应用示例：利用人工智能驱动的智能机器人和自动化系统，实现生产过程的自动化和智能化，提高生产效率和灵活性。

具体案例：埃斯顿的智能机器人系统可以根据生产需求自动调整生产线，提高生产的灵活性和响应速度。

6. 个性化定制与柔性生产

应用示例：应用人工智能技术分析客户需求和生产数据，实现个性化定制和柔性生产，满足多样化的市场需求。

具体案例：回力应用人工智能技术分析客户数据，实现了个性化定制鞋的生产，提高了客户满意度和市场竞争力。

7. 人机协作

应用示例：应用人工智能技术实现人机协作，提高生产效率和工作安全性。

具体案例：长虹华意冰箱压缩机贴标。在冰箱压缩机制造过程中，贴标环节的质量控制至关重要。长虹华意通过搭建基于深度学习的人工智能视觉识别系统，实现了对压缩机标签的高精度、高效率识别，有效预防和控制了贴标错误，提高了生产效率和产品质量。

8. 数据分析与决策支持

应用示例：利用人工智能技术分析海量生产数据，提供决策支持，优化生产过程和管理流程。

具体案例：中信泰富特钢通过在生产流程中部署人工智能应用，显著提升了生产效率。该公司通过精准预测和实时调整高炉运作，实现了产量提升15%，能耗降低11%。

9. 增强现实与虚拟现实

应用示例：利用增强现实与虚拟现实技术进行生产培训、设备维护和操作指导，提高生产效率和员工技能。

具体案例：PTC 的 Vuforia 平台应用增强现实技术，为制造企业提供设备维护和操作指导，提高了生产效率和员工技能。

10. 智能物流与仓储

应用示例：应用人工智技术优化物流和仓储管理，提高物流效率和库存管理水平。

具体案例：京东应用人工智能技术优化仓储和物流管理，实现了全自动化的智能仓库，提高了物流效率和库存管理水平。

11. 定制化生产

基于人工智能的系统能够实现按需定制生产，满足消费者个性化需求的同时保持高效率和低成本。

人工智能在智能制造与工业 4.0 中的应用显著提升了生产效率、产品质量和灵活性，降低了生产成本和资源消耗。随着技术的不断进步，人工智能将在制造业中发挥越来越重要的作用，推动制造业向更加智能化、数字化和网络化的方向发展。

7.9 本章小结

(1) 本章介绍了 Python 编程语言的起源、发展和其作为全球热门编程语言的地位，并探讨了其在多个实际应用场景中的使用。

(2) 本章详细说明了如何在 Windows、Linux 和 macOS 系统上搭建 Python 环境，包括系统要求、安装工具和环境配置，并解决了安装过程中的常见问题。

(3) 本章讨论了使用 virtualenv 创建和管理独立 Python 环境的重要性，介绍了 TensorFlow、PyTorch 和 Keras 等流行的 Python 开发工具。

(4) 本章概述了人工智能技术在医疗、金融、自动驾驶、智慧交通和智能制造等领域的应用，并通过案例展示了人工智能技术如何推动这些行业的创新和发展。

7.10 本章习题

一、单项选择题

1. Python 编程语言的起源可以追溯到哪个时期？（　　）
   A. 20 世纪 70 年代　　　　　　　B. 20 世纪 80 年代
   C. 20 世纪 90 年代　　　　　　　D. 21 世纪初

2. 在 Windows 系统上搭建 Python 环境时，通常使用的安装工具是什么？（　　）
   A. Homebrew			B. apt-get
   C. pip				D. Python installer
3. virtualenv 的主要作用是什么？（　　）
   A. 编译 Python 代码			B. 管理 Python 包
   C. 创建和管理独立的 Python 环境	D. 运行 Python 脚本
4. 以下哪个不是 Python 开发工具？（　　）
   A. TensorFlow			B. PyTorch
   C. Keras				D. Git
5. 人工智能技术在以下哪个领域没有应用？（　　）
   A. 医疗		B. 金融		C. 教育		D. 造纸

二、多项选择题

1. Python 1.0 版本引入了哪些重要功能？（　　）
   A. 模块系统			B. 异常处理
   C. 列表推导式			D. Unicode 支持
2. Python 2.0 版本带来了哪些重大改进？（　　）
   A. 列表推导式			B. 垃圾回收机制
   C. Unicode 支持			D. 模块系统的改进
3. Python 3.0 版本对语言进行了哪些重大改动？（　　）
   A. 修改了 print 语句			B. 统一了字符串编码
   C. 改进了整数除法的行为		D. 引入了垃圾回收机制

三、判断题

1. 虚拟环境管理的主要目的是在不同的项目之间保持依赖库的纯净和独立性。（　　）
2. 使用虚拟环境可以避免不同项目依赖不同版本的库而造成的冲突。（　　）
3. 虚拟环境允许开发者在不同项目之间切换时，每次都需要重新安装所有依赖。（　　）
4. 在 Python 环境中，库和框架的作用仅限于提供基础的数学运算功能，而不涉及处理网页或操作数据库等高级功能。（　　）
5. 开发工具如集成开发环境在 Python 环境中的主要作用是提高代码的运行速度，而不是提高编写代码和调试的效率。（　　）

第 8 章
人工智能与社会学

在当今这个技术飞速发展的时代，人工智能已经成为一个不可忽视的关键领域。本章将探讨人工智能及其核心分支——大模型之间的紧密联系。人工智能的发展依赖先进的算法和数据科学，而大模型则在自然语言处理、计算机视觉和语音识别等关键领域扮演着重要角色，彰显了其巨大的潜力。这些模型拥有庞大的参数量和复杂的结构，需要大量的数据集和强大的计算资源来完成训练和优化。

大模型在处理复杂任务方面表现出色，但其训练过程不仅成本高昂，还伴随着诸多挑战。这些挑战包括预训练和微调以提高模型的泛化能力，以及迁移学习在减少训练时间和数据需求方面的应用。此外，大模型的发展同样面临着对计算资源的巨大需求、对大量数据的依赖以及模型解释性的难题。

当我们对比人工智能与人类智能时会发现，它们之间存在显著差异。人工智能通过复杂的算法和海量数据来模拟人类的智能行为，但它缺乏人类的情感体验、自我意识和创造力。相比之下，人类在学习上展现出更大的灵活性，感知更为综合，情感也更加丰富，且具有原创的创造力。然而，人工智能在执行特定任务时表现出高效率，尽管它仍然缺乏直觉和情感因素。

随着人工智能技术的日益普及，其道德伦理问题也逐渐受到广泛关注。这些问题涉及决策权、隐私保护、算法偏见以及对就业的潜在影响等。确保人工智能决策过程的透明度、公正性以及与人类价值观的一致性，已成为当前研究的重点之一。

为了确保人工智能技术的健康发展，必须加强个人隐私和数据的保护，维护社会的和谐与稳定，并促进公平与正义。本章将深入分析上述议题，旨在为读者提供一个关于人工智能及其相关伦理、技术和社会责任问题的全面概览。

8.1 人工智能与大模型的关系

人工智能的发展依赖先进的算法和数据科学,而大模型则在自然语言处理、计算机视觉和语音识别等关键领域扮演着重要角色。简言之,大模型是人工智能领域的一个重要分支,尤其在自然语言处理、计算机视觉、语音识别等方面表现突出。这些模型拥有庞大的参数量和复杂的结构,需要大量的数据集和强大的计算资源来完成训练和优化。我国在人工智能领域取得了重要进展,国际科技论文发表量和发明专利授权量已居世界第二,部分领域核心技术实现了重要突破。

8.1.1 人工智能与大模型的定义与基础

1. 人工智能

定义:人工智能是计算机科学的一个分支,旨在创建能够执行通常需要人类智能完成的任务的系统。这些任务包括学习、推理、问题解决、感知和语言理解等。

基础:人工智能依赖算法、统计学、数据科学和计算能力,通过模拟人类智能行为来实现人工智能自动化和智能化。

2. 大模型

定义:大模型是指具有大量参数和复杂结构的深度学习模型,通常在大型数据集上进行训练,以实现高性能的预测和决策。

基础:大模型依赖 DNN、大规模并行计算和海量数据,通过复杂的架构和训练方法来实现高度精确的任务处理。

8.1.2 大模型在人工智能中的角色

1. 自然语言处理

应用:大模型(如 GPT-4、BERT 等)在自然语言处理中用于语言生成、翻译、摘要、问答系统等任务。

优势:大模型能够理解和生成自然语言,处理复杂的语言任务,提供高质量的文本生成和理解功能。

2. 计算机视觉

应用:大模型(如 ResNet、EfficientNet 等)在计算机视觉中用于图像分类、目标检测、图像分割等任务。

优势:大模型能够处理高维图像数据,识别和分类复杂的视觉对象,提高图像处理的准确性和效率。

3. 语音识别

应用：大模型(如 DeepSpeech、WaveNet 等)在语音识别中用于语音转文本、语音合成等任务。

优势：大模型能够准确地识别和生成语音，提高语音识别和合成的自然度和准确性。

8.1.3 大模型的特点

1. 规模与复杂性

描述：大模型通常包含数亿到数百亿个参数，需要大量的计算资源和数据进行训练，面临着训练成本和计算资源的挑战。

优势：大模型的规模和复杂性使其能够处理复杂的任务。

2. 预训练与微调

描述：大模型通常通过预训练在大规模数据集上学习通用知识，然后通过微调在特定任务中进行优化。

优势：预训练与微调方法提高了模型的泛化能力和任务适应性，减少了对特定任务数据的依赖。

3. 迁移学习

描述：大模型可以通过迁移学习将预训练的知识应用于新的任务或领域，减少训练时间和数据需求。

优势：迁移学习使得大模型在不同任务和领域之间具有更高的适应性和灵活性。

8.1.4 大模型在人工智能中的挑战

大模型在处理复杂任务方面表现出色，但其训练过程不仅成本高昂，还伴随着诸多挑战。这些挑战包括预训练和微调以提高模型的泛化能力，以及迁移学习在减少训练时间和数据需求方面的应用。我国在语音识别、视觉识别技术方面世界领先，自适应自主学习、直觉感知、综合推理等初步具备跨越式发展的能力。

1. 计算资源

挑战：训练和部署大模型需要大量的计算资源和存储空间，对硬件和基础设施提出了高要求。

解决方案：通过分布式计算、云计算和专用硬件(如 TPU、GPU)等技术来提升计算能力。

2. 数据需求

挑战：大模型的训练需要大量高质量的数据，数据获取和处理成本高。

解决方案：利用数据增强、合成数据和无监督学习等技术来缓解数据需求问题。

3. 模型解释性

挑战：大模型的复杂性使其难以解释和理解，影响了模型的可解释性和透明性。

解决方案：通过可解释人工智能(XAI)技术和模型简化方法来提高模型的解释性。

人工智能和大模型之间的关系是相辅相成的。大模型作为人工智能的重要组成部分，通过其强大的学习和推理能力，推动了人工智能在各个领域的应用和发展。同时，人工智能的进步为大模型的发展提供了理论和技术支持。随着技术的不断进步，大模型将在人工智能领域发挥越来越重要的作用，推动智能化和自动化的进一步发展。

8.2 人工智能与人的区别

认知能力涵盖了学习、推理、问题解决、感知、情感和创造力等多个方面。其本质源于生物大脑的复杂神经网络和生理机制，通过经验、感知和思维过程实现认知和决策。

1. 学习与适应

人工智能通过机器学习(包括监督学习、无监督学习和强化学习)从数据中提取模式和规律。其适应性依赖于训练数据和模型结构，对新环境或任务的适应通常需要重新训练或微调。相比之下，人类通过经验、教育和社会互动等多种方式进行学习，能够灵活地从不同来源获取知识。人类具有高度的适应性，能够快速应对与适应新的环境和任务，依靠直觉和创造力解决问题。

2. 感知与交互

人工智能通过传感器和数据输入进行感知，如图像识别、语音识别等，但其感知能力有限且依赖预定义的算法。人工智能的交互方式较为机械，依赖预定义，通过编程和算法与人类和环境进行交互。人类通过感觉(视觉、听觉、触觉、味觉、嗅觉)进行感知，感知能力高度综合和灵活。人类通过语言、表情、肢体语言等多种方式进行交互，具有高度的情感表达和理解能力。

3. 情感与创造力

人工智能可以模拟和识别情感，但不具备真正的情感体验，其情感处理基于预定义的规则和数据。人工智能能够生成新的内容(如艺术品、音乐等)，但其创造力基于已有数据和模式，不具备真正的创造性思维。人类具有真实的情感体验和情感反应，情感在认知和决策过程中起着重要作用。人类具有独特的创造力，能够产生原创的思想和作品，突破已有知识和模式的限制。

4. 计算能力与效率

人工智能在特定任务中具有超人的计算能力和处理速度，能够处理海量数据和复杂计算。人工智能在执行重复和高负荷任务时效率极高，但其效率依赖于计算资源和算法优化。人类处理复杂情境和多任务时表现出色，但在纯计算能力和速度上不及人工智能。人类的创造性在复杂决策任务上效率较高，但在重复性任务上效率较低。

5. 决策与判断

人工智能的决策基于数据和算法，通过概率和统计模型进行判断，缺乏直觉和情感因素。人工智能的决策能力受限于训练数据和模型，可能在新的或未见过的情境中表现不佳。人类的决策结合了理性思维、直觉和情感，能够在不确定和复杂情境中做出判断。人类能够综合多方面信息和背景知识进行决策，具有灵活性和适应性。

人工智能与人类智能之间存在多个显著的区别，这些区别主要体现在认知方式、情感体验、自我意识和创造力等方面。

在认知方式方面，人工智能依赖算法和数据来模拟人类的智能行为。它通过机器学习、神经网络等技术进行感知、识别、学习和决策。然而，人工智能缺乏人脑左右半球不同分工的能力，无法像人脑那样在复杂任务中灵活切换功能。此外，人工智能由于缺乏用于组织和连接思想的树形结构，无法复制人类复杂的思维过程。

在情感体验方面，人工智能无法实现与人脑情感、意志、心态、情绪、经验等的自然交互。尽管人工智能可以通过编程理解语言和情感，但其情感体验基于预设的逻辑和模式，而非真实的情感体验。人类的情感体验具有独特性和不可复制性，这使得人工智能在处理涉及情感的问题时显得相对机械和表面。

在自我意识方面，人工智能缺乏人类所具备的身份认同和自我意识。人类作为有身份和自我意识的智能实体，能够进行内省和自我反思，而人工智能则不具备这种能力。即使未来通用人工智能实现了所谓的"思想"，其所谓的自我意识也仅限于数字世界中的模拟。

在创造力方面，人工智能虽然可以模仿人类的某些创造性活动，但它缺乏原创想象力和真正的创造力。人类的创造力不仅来源于知识的积累，还源自对世界的深刻理解和内在动机的驱动；而人工智能的"创造"更多的是基于统计关联和模式匹配，而非真正的创新。

此外，人工智能的记忆是完美的，而人类的记忆则有缺陷，容易遗忘。这意味着人工智能可以高效地处理大量信息并迅速做出反应，但其记忆和学习能力仍然受到数据质量和处理速度的限制。

总的来说，人工智能与人类智能的主要区别在于：人工智能缺乏人类的情感体验、自我意识和创造力，其认知方式也主要是基于算法和数据驱动的逻辑推理。尽管人工智能在某些领域表现出色，但人工智能无法完全替代人类的复杂认知和情感体验。

8.3 人工智能的道德伦理

随着人工智能技术的日益普及，其道德伦理问题也逐渐受到广泛关注。这些问题涉及决策权、隐私保护、算法偏见以及对就业的潜在影响等。因此，我国发布了《"互联网+"人工智能三年行动实施方案》和《新一代人工智能发展规划》，在人工智能领域竞争日趋激烈的背景下，规范人工智能的科技竞争，倡导伦理反思。人工智能的道德伦理定义涉及多个方面，包括基本伦理要求、具体活动伦理规范、治理原则和标准、国际与国内标准以及技术与哲学的结合。

1. **基本伦理要求**

人工智能技术的飞速发展正深刻地改变着社会结构与运行模式，其在医疗、金融、教育及交通等关键领域的广泛应用展现了巨大的潜力与价值。然而，伴随人工智能广泛应用而来的是日益突出的伦理道德挑战。为确保人工智能技术的健康发展，需要严格遵循一系列基本伦理要求，以维护社会和谐稳定，促进公平正义。

(1) 强化隐私与数据保护。人工智能技术的运行高度依赖数据资源，其中不乏个人隐私与敏感信息。因此，必须建立健全数据安全保护机制，确保数据采集、处理、存储及传输的合法合规性，严格遵循用户知情同意原则，保护公民个人信息安全与隐私权。

(2) 促进公平与消除偏见。人工智能系统应秉持中立客观原则，避免在算法设计与数据训练过程中嵌入任何形式的偏见与歧视。针对已存在的算法偏见问题，应采取有效措施进行识别、评估与纠正，确保人工智能技术惠及全体社会成员，促进社会公平正义。

(3) 提升透明性与可解释性。人工智能技术的"黑箱"特性增加了其决策过程的不可预测性。为此，应增强人工智能系统的透明度，公开其设计原理、算法逻辑及决策依据，同时研发可解释性强的人工智能模型，以便公众、监管者及利益相关者理解其运作机制，增强信任度。

(4) 筑牢安全与可靠性防线。人工智能技术的广泛应用对系统安全提出了更高要求。需构建全方位的安全防护体系，防范黑客攻击、数据泄露等安全风险，确保人工智能系统稳定运行。同时，加强人工智能技术的可靠性验证与评估，降低其在关键领域应用中的风险隐患。

(5) 明确责任与强化问责。针对人工智能技术可能引发的法律与伦理问题，需要明确开发者、使用者及监管者的责任边界，建立健全问责机制。在人工智能系统出现错误或造成损害时，能够迅速查明原因、追究责任，保障受害者的合法权益。

(6) 把握人类控制与自主性的平衡。随着人工智能技术的自主性增强，需要妥善处理人类控制与自主性的关系。在保障人工智能系统高效运行的同时，确保人类对其行为的最终控制权，防止其行为失控或产生不可预见的后果。

(7) 关注社会与经济影响。人工智能技术的发展将对就业市场、经济结构及收入分配等产生深远影响，需要积极应对人工智能技术带来的就业挑战，加强劳动力再培训与转岗安置工作，缓解失业压力；同时，注重人工智能技术收益的公平分配，减少经济不平等现象，促进社会和谐稳定。

总之，人工智能技术的健康发展离不开伦理道德的引领与规范。我们应秉持高度负责的态度，严格遵循人工智能伦理要求，推动人工智能技术在服务社会发展、增进人民福祉中发挥更大作用。

2. **特定活动伦理规范**

人工智能在管理、研发、供应、使用等环节提出了具体的伦理要求。例如，在研发阶段，我们需要关注算法的公平性和透明性；在使用阶段，我们需要考虑对社会的影响和潜在风险。

3. 治理原则和标准

(1) 透明度。人工智能系统的设计和运作应当是透明的，以便用户和利益相关者能够理解其工作原理和决策过程。

(2) 公平与正义。确保人工智能系统不产生歧视或不公平的结果，对所有用户一视同仁。

(3) 隐私保护。在收集和处理个人数据时，必须遵守相关的法律法规，保护用户的隐私权。

(4) 责任与问责制。明确人工智能系统的开发者和使用者在出现问题时的责任，并建立相应的问责机制。

(5) 自主性与控制。保障人类的自主权，避免完全依赖人工智能做出重大决策。

4. 国际与国内标准

国际上，如欧盟发布的《可信人工智能道德准则》，强调了尊重人类自主权、预防伤害、公平性和问责制等原则。

国内，2021年国家新一代人工智能治理专业委员会发布的《新一代人工智能伦理规划》则结合我国的技术发展现状和社会需求，提出了具体的伦理指引。

5. 技术与哲学的结合

人工智能伦理不仅关注技术层面的问题，还涉及哲学上的思考，如善、理性、情感等问题的探讨。

德行伦理学(美德伦理)也被引入人工智能的道德设计，强调通过培养良好的道德品质来指导人工智能的行为。

总之，人工智能的道德伦理涵盖了从基本伦理要求到具体活动规范，再到治理原则和标准的全面框架。这些定义和规范旨在确保人工智能技术的发展与应用符合社会道德要求，增进人类福祉，并应对可能带来的挑战和风险。

8.4 人工智能与法律

人工智能作为一种先进的技术手段，目前在法律上并没有被赋予法律主体的资格。这意味着人工智能不能被视为犯罪的主体，因此也不需要承担刑事责任。然而，随着人工智能技术的不断发展和应用，其自主行动可能会引发一系列产品责任领域的法律问题，如在损害过错的认定上可能会出现争议。为了确保人工智能技术的健康发展，必须加强个人隐私和数据保护，维护社会的和谐与稳定，并促进公平与正义。我国在人工智能发展中也面临着挑战，如缺少重大原创成果，在基础理论、核心算法等方面与发达国家存在差距。因此，我国正努力完善适应人工智能发展的基础设施、政策法规、标准体系。法学研究者需要密切关注这些新兴科技所带来的法律挑战，并为未来的立法工作提供坚实的理论基础。

在司法领域，人工智能的应用也在不断发展和深化。例如，法律推理和模拟分析系统已经在实际工作中得到了应用，这些技术的应用不仅提高了司法效率，还为法律专业人士提供了有力的辅助工具。然而，数据隐私保护仍然是一个重要的议题。企业在利用人工智能技术处理大量数据时，必须在满足数据需求和遵守隐私法规之间找到一个平衡点。

人工智能技术在发展的同时，也带来了安全和伦理道德方面的问题。为了解决这些问题，法律手段的介入变得尤为重要。在法律行业，人工智能的应用已经得到了广泛的认可，如在合同起草、文件审查等环节的自动化处理。此外，人工智能虚拟数字人的出现也引发了一系列法律问题，如人格权、著作权侵权等。因此，完善人工智能的法律监管体系，以应对造假、诈骗等问题，显得尤为迫切。

有代表建议：制定专门的人工智能法，深入研究与人工智能相关的法律问题，并在适当的时机进行立法。人工智能与法律的交集非常广泛，其影响深远，涉及社会生活的方方面面。因此，法律界需要不断适应和应对这些变化，以确保技术的发展能够在法律框架内得到合理的规范和引导。

1. 数据隐私与保护

(1) 隐私权。人工智能系统在训练和运行过程中通常依赖大量数据，这不可避免地涉及个人数据的收集、存储和使用。因此，确保这些数据的收集和使用遵循隐私保护法律，已成为一个关键议题。全球各地的法律体系，如欧盟的《通用数据保护条例》(GDPR)和我国的《中华人民共和国个人信息保护法》都对企业的数据处理活动设定了明确的规范。这些法律规定，企业在收集和使用个人数据时，必须遵循一系列特定要求。企业有责任向用户清晰地说明其数据将如何被收集、使用和存储，并提供详尽的隐私政策。用户必须给予明确的同意，以确保其数据仅用于特定目的。这种同意应当是自愿的、明确的、知情的，并且用户有权随时撤销同意，并要求删除其个人数据。

(2) 数据安全。在人工智能系统中，数据可能成为网络攻击的目标，这增加了数据泄露和滥用的风险。因此，相关法律必须规定严格的数据保护措施，以预防数据泄露事件的发生。为了确保数据在存储和传输过程中的安全，必须采取有效措施防止未授权访问和数据篡改。企业应实施适当的技术和管理措施，如数据加密、访问控制、定期进行安全审计以及制订并执行数据泄露应急响应计划，确保在数据泄露事件发生时，能够迅速通知受影响的用户和相关监管机构。例如，采用先进的加密技术是保护数据在存储和传输过程中安全的有效手段；实施严格的访问控制机制，确保只有授权人员才能访问敏感数据；同时，采用安全的数据传输协议(如 SSL/TLS)，可以有效防止数据在传输过程中被截获或篡改。

2. 责任与问责

(1) 责任归属。在人工智能系统中，数据可能遭受网络攻击，引发数据泄露和滥用的风险。因此，制定严格的数据保护法规至关重要，以防止数据泄露事件的发生。对于数据的存储与传输，必须确保其过程的安全性，以抵御未授权的访问和数据篡改。作为产品的一部分，人工智能系统的安全性和可靠性必须得到保障。为此，法律应明确人工智能产品的安全标准和责任要求，以确保消费者权益得到充分保护。

(2) 自主性与决策。高度自主的人工智能系统能够在无须人类介入的情况下做出决策，这引发了责任归属的复杂问题。因此，法律必须明确在这种情况下责任的归属方。为了便于在出现问题时追溯责任并进行纠正，人工智能系统的决策过程应当具备透明度和可解释性。

3. 知识产权

(1) 创作与发明。关于人工智能创作内容的版权归属问题，法律必须明确界定，以保障创作者权益。随着人工智能在创新中的角色增强，法律需要明确人工智能生成发明的专利权归属及保护机制。人工智能技术的发展要求法律对人工智能创作成果的版权和专利权进行深入剖析和明确规定，以激发创新活力。因此，法律应全面审视人工智能创作内容的版权归属及人工智能生成发明的专利权问题，建立健全法律体系，促进人工智能技术的健康发展。

(2) 数据所有权。在人工智能系统中，训练数据的所有权和使用权问题显得尤为重要。为了确保数据使用的合法性，法律必须明确规定数据提供者和使用者各自的权利和义务。这包括但不限于数据的采集、存储、处理和分享等方面。数据提供者应当明确其提供的数据范围、使用目的和使用期限；而使用者则需要遵守相应的规定，确保数据的合法获取和使用。此外，法律还应规定数据的保护措施，防止数据泄露和滥用，从而维护数据提供者和使用者的合法权益。这些法律规范可以有效解决人工智能系统中训练数据的所有权和使用权问题，促进数据的合理利用和健康发展。

4. 安全与监管

(1) 技术滥用。人工智能技术存在被滥用的风险，包括制造虚假内容(如 Deepfake)和发起网络攻击等。因此，制定相应的法律法规以预防和惩处人工智能技术的不当使用行为变得至关重要。建立一套有效的监管体系，确保人工智能技术的开发与应用遵循法律法规和道德标准，是防止人工智能技术滥用的关键措施。

(2) 安全保障。为确保人工智能系统在运行过程中的安全性，预防系统故障和安全漏洞至关重要。法律应当明确人工智能系统的安全标准和检测要求；同时，应制定详尽的应急预案，以便迅速应对人工智能系统可能出现的突发问题和故障，确保能够及时采取措施以减轻其影响。

5. 国际合作与标准制定

(1) 国际合作。强化国际协作，携手应对人工智能技术应用引发的法律问题；交流智慧与最佳做法，以促进全球范围内人工智能法律与伦理准则的建立；缔结国际协议，界定各国在人工智能技术研发与应用中的责任与义务，推动全球法律的协调与合作。

(2) 制定标准。为了确保人工智能技术在全球范围内的统一性和互操作性，必须建立一套全球统一的标准。这套标准将有助于不同国家和地区的人工智能系统能够无缝对接和协同工作，从而促进国际合作与交流。此外，为了确保人工智能技术在全球的应用不仅高效而且符合伦理和法律要求，还需要制定一系列全球认可的人工智能伦理准则。这些准则将指导各国在开发和部署人工智能技术时，遵循相应的伦理规范和法律法规，确保技术的应用不会对社会造成负面影响，同时保护用户的隐私和权益。这样的双重机制可以为人工智能技术的健康发展提供坚实的国际基础。

8.5 本章小结

(1) 人工智能是计算机科学的一个分支，旨在创建能执行人类智能任务的系统，依赖算法、统计学、数据科学和计算能力。大模型是人工智能领域的重要分支，具有大量参数和复杂结构，用于深度学习，尤其在自然语言处理、计算机视觉和语音识别等领域表现突出。

(2) 大模型在人工智能中的角色包括自然语言处理、计算机视觉和语音识别等，其优势在于处理复杂任务的能力和高度精确的任务处理。大模型的特点包括规模大、复杂性高、需要预训练和微调以及迁移学习能力，但同时面临计算资源、数据需求和模型解释性的挑战。

(3) 人工智能与人类智能的区别在认知方式、情感体验、自我意识和创造力等方面。人类通过经验、感知和思维过程实现认知和决策，而人工智能依赖数据和算法。人类具有真实的情感体验和创造力，而人工智能的情感和创造力基于预定义规则和数据。

(4) 人工智能的道德伦理问题包括机器决策权、隐私保护、算法偏见和对就业市场的影响等。确保人工智能系统的决策透明、公正且符合人类价值观是当前研究的重要方向。

(5) 人工智能技术的快速发展带来了伦理道德挑战，需要遵循基本伦理要求，如强化隐私与数据保护，以维护社会和谐稳定和公平正义。

8.6 本章习题

1. 简述大模型在训练过程中面临的主要挑战，并提出可能的解决方案。

2. 考虑到我国在人工智能领域的发展，讨论我国如何利用自身的技术优势和资源来应对这些挑战。

3. 分析人工智能与人类智能之间的主要差异，并探讨这些差异如何影响人工智能在模拟人类行为时的局限性；同时，讨论我国在人工智能领域如何通过技术创新来弥补这些差异，特别是在情感体验、自我意识和创造力方面。

4. 讨论人工智能技术普及所带来的道德伦理问题，并分析我国在制定相关政策和法规时如何平衡技术发展与伦理责任。

5. 探讨我国如何在全球人工智能竞争中确保人工智能技术发展与国际伦理标准相一致，并促进公平与正义。

参考文献

[1] 杨博雄. Python 人工智能：原理、实践及应用[M]. 北京：清华大学出版社，2021.

[2] 莫小泉，陈新生，王胜峰. 人工智能应用基础[M]. 北京：电子工业出版社，2021.

[3] 莫宏伟. 人工智能导论[M]. 北京：人民邮电出版社，2020.

[4] 王万良. 人工智能导论[M]. 4 版. 北京：高等教育出版社，2017.

[5] 吴飞. 人工智能导论：模型与算法[M]. 北京：高等教育出版社，2020.

[6] 张广渊，周风余. 人工智能概论[M]. 北京：中国水利水电出版社，2019.

[7] 保罗•戴特尔，哈维•戴特尔. Python 程序设计：人工智能案例实践[M]. 王凯，王刚，于名飞，等译. 北京：机械工业出版社，2021.

[8] 姜育刚，马兴军，吴祖煊. 人工智能：数据与模型安全[M]. 北京：机械工业出版社，2023.

[9] 丁艳. 人工智能基础与应用[M]. 2 版. 北京：机械工业出版社，2024.

[10] 张大斌，田恒义，许桂秋. 人工智能导论：通识版[M]. 北京：人民邮电出版社，2024.